제빵 산업기사

필기 초단기완성

제빵산업기사
초단기완성

Always with you

사람이 길에서 우연하게 만나거나 함께 살아가는 것만이 인연은 아니라고 생각합니다.
책을 펴내는 출판사와 그 책을 읽는 독자의 만남도 소중한 인연입니다.
SD에듀는 항상 독자의 마음을 헤아리기 위해 노력하고 있습니다.
늘 독자와 함께하겠습니다.

머리말

PREFACE

최근 라이프 스타일의 변화로 간편하게 즐길 수 있는 식사 대용 빵을 소비하는 추세가 급격하게 늘어나고 있으며, 해외 디저트 브랜드 유입, 개인 디저트 전문점 증가 등 디저트 시장은 세분화 · 전문화 · 다양화되고 있다.

맛과 향뿐만 아니라 예술적 · 시각적인 요소가 점차 중요시되고 있으며, 파티시에는 자신만의 맛을 개발하여 사람들에게 기쁨을 줄 수 있다는 점이 특히 매력적이다. 이런 시대의 흐름에 따라 제빵 관련 자격 직종은 많은 사람들에게 관심을 받고 있으며, 그 전망 또한 매우 밝을 것으로 예상된다.

이에 파티시에를 꿈꾸는 수험생들이 한국산업인력공단에서 실시하는 제빵산업기사 자격시험에 효과적으로 대비할 수 있도록 다음과 같은 특징을 가진 도서를 출간하게 되었다.

❶ NCS 국가직무능력표준에 기반하여 출제기준을 꼼꼼히 분석하여 핵심이론을 정리하였다.
❷ 출제 가능성 높은 최종모의고사 3회분을 수록하여 실전감각을 높일 수 있도록 하였다.
❸ 2022년 첫 시행된 수시 1회 기출복원문제를 수록하였다.

이 책이 제빵산업기사를 준비하는 수험생들에게 합격의 안내자로서 많은 도움이 되기를 바라면서 수험생 모두에게 합격의 영광이 함께하기를 기원하는 바이다.

편저자 씀

시험안내

개요

제빵에 관한 전문 숙련기능을 가지고 제빵 제조와 관련되는 업무를 수행할 수 있는 능력을 가진 전문인력을 양성하고자 자격제도를 제정하였다.

수행 직무

빵류 제품제조에 필요한 이론지식과 숙련기능을 활용하여 생산계획을 수립하고 재료 구매, 생산, 품질관리, 판매, 위생업무를 실행하는 직무를 수행한다.

시험일정

구분	필기 원서접수 (인터넷)	필기시험	필기 합격 예정자 발표	실기 원서접수	실기시험	최종 합격자 발표일
제4회	8.7 ~ 8.10	9.2 ~ 9.17	9.22	10.10 ~ 10.13	11.4 ~ 11.17	11.29

※ 상기 시험일정은 시행처의 사정에 따라 변경될 수 있으니, www.q-net.or.kr에서 확인하시기 바랍니다.

시험요강

① 시행기관 : 한국산업인력공단(www.q-net.or.kr)

② 관련 부처 : 식품의약품안전처

③ 시험과목

㉠ 필기 : 위생안전관리, 제과점 관리, 빵류 제품제조

㉡ 실기 : 빵류 제조 실무

④ 검정방법

㉠ 필기 : CBT(객관식 4지 택일형), 60문항(1시간 30분)

㉡ 실기 : 작업형(4시간 정도)

⑤ 합격기준 : 100점 만점에 60점 이상

CBT 필기시험 안내사항

① CBT 시험이란 인쇄물 기반 시험인 PBT와 달리 컴퓨터 화면에 시험문제가 표시되어 응시자가 마우스를 통해 문제를 풀어나가는 컴퓨터 기반의 시험을 말한다.

② 입실 전 본인 좌석을 확인한 후 착석해야 한다.

③ 전산으로 진행됨에 따라, 안정적 운영을 위해 입실 후 감독위원 안내에 적극 협조하여 응시해야 한다.

④ 최종 답안 제출 시 수정이 절대 불가하므로 충분히 검토 후 제출해야 한다.

⑤ 제출 후 점수를 확인하고 퇴실한다.

CBT 완전 정복 Tip

❶ 내 시험에만 집중할 것

CBT 시험은 같은 고사장이라도 각기 다른 시험이 진행되고 있으니 자신의 시험에만 집중하면 됩니다.

❷ 이상이 있을 경우 조용히 손을 들 것

컴퓨터로 진행되는 시험이기 때문에 프로그램상의 문제가 있을 수 있습니다. 이때 조용히 손을 들어 감독관에게 문제점을 알리며, 큰 소리를 내는 등 다른 사람에게 피해를 주는 일이 없도록 합니다.

❸ 연습 용지를 요청할 것

응시자의 요청에 한해 연습 용지를 제공하고 있습니다. 필요시 연습 용지를 요청하며, 미리 시험에 관련된 내용을 적어놓지 않도록 합니다. 연습 용지는 시험이 종료되면 회수되므로 들고 나가지 않도록 유의합니다.

❹ 답안 제출은 신중하게 할 것

답안은 제한 시간 내에 언제든 제출할 수 있지만 한 번 제출하게 되면 더 이상의 문제풀이가 불가합니다. 안 푼 문제가 있는지 또는 맞게 표기하였는지 다시 한 번 확인합니다.

기타 사항

① 산업기사 필기시험 합격 예정자는 소정의 응시자격 서류를 지정한 기한 내에 원본으로 제출하여야 한다.

※기한 내 제출하지 않을 경우 필기시험 합격 예정 무효처리

② 응시자격 서류심사 기준일은 응시하고자 하는 종목의 필기시험 시행일로 한다.

시험안내

출제기준

필기 과목명	주요항목	세부항목	세세항목
위생안전관리	빵류 제품 생산작업 준비	개인위생 점검	• 개인위생 점검
		작업환경 점검	• 생산 전 작업장 위생 점검
		기기 도구 점검	• 기기 도구 점검
		재료 계량	• 배합표 작성 및 점검
	빵류 제품 위생안전관리	개인위생 안전관리	• 공정 중 개인위생 관리 • 교차오염 관리 • 식중독 예방관리 • 경구감염병
		환경위생 안전관리	• 작업환경 위생관리 • 미생물 관리 • 방충, 방서관리 • 이물관리
		기기위생 안전관리	• 기기위생 안전관리
		식품위생 안전관리	• 위해요소 관리 • 공정안전 관리 • 재료위생 관리 • 식품위생법규
	빵류 제품 품질관리	품질기획	• 품질관리
		품질검사	• 제품품질 평가
		품질개선	• 제품품질 개선관리
제과점 관리	빵류 제품 재료 구매관리	재료 구매관리	• 재료 구매 · 검수 • 재료 재고관리 • 밀가루 특성 • 부재료 특성 • 영양학
		설비 구매관리	• 설비관리
	매장관리	인력관리	• 인력관리 • 직업윤리
		판매관리	• 진열관리 • 판매활동 • 원가관리
		고객관리	• 고객 응대관리

필기 과목명	주요항목	세부항목	세세항목
	베이커리 경영	생산관리	• 수요 예측 • 생산계획 수립 • 생산일지 작성 • 제품 재고 관리
		마케팅 관리	• 고객 분석 • 마케팅
		매출손익 관리	• 손익관리 • 매출관리
빵류 제품제조	빵류 제품 스트레이트 반죽	스트레이트법 반죽	• 스트레이트법 반죽 • 비상스트레이트법 반죽
	빵류 제품 스펀지 도 반죽	스펀지 반죽	• 스펀지법 반죽
	빵류 제품 특수 반죽	특수 반죽	• 사우어도법 반죽 • 액종법 반죽 • 다양한 반죽(탕종 등)
	빵류 제품 반죽발효	반죽발효	• 1차 발효관리 • 2차 발효관리 • 다양한 발효관리(유산균, 저온발효 등)
	빵류 제품 반죽정형	반죽정형	• 반죽 분할, 둥글리기, 중간 발효, 성형, 패닝
	빵류 제품 반죽익힘	반죽익힘	• 반죽 굽기 • 반죽 튀기기
	기타 빵류 만들기	기타 빵류 제조	• 페이스트리 제조 • 조리빵 제조 • 고율배합빵 제조 • 저율배합빵 제조 • 냉동빵 제조
	빵류 제품 마무리	빵류 제품 충전 및 토핑	• 충전물 제조 • 토핑 제조
	빵류 제품 냉각포장	냉각 및 포장관리	• 냉각 및 포장관리

이 책의 목차

빨리보는 간단한 키워드

빨간키

빨리보는 간단한 키워드

당신의 시험에 빨간불이 들어왔다면!
최다빈출키워드만 모아놓은 합격비법 핵심 요약집 빨간키와 함께하세요!
그대의 합격을 기원합니다.

CHAPTER 01

위생안전관리

개인 위생 점검

- 머리카락이나 비듬 등도 황색포도상구균의 오염원이 될 수 있으므로 반드시 청결한 위생모를 착용한다.
- 옷장은 일상복과 위생복을 구분하여 보관하고, 탈의실을 작업장 외부에 설치하여 제품으로의 이물질 혼입 또는 식중독균에 의한 교차오염 발생 가능성을 줄인다.
- 앞치마를 착용하되 청결한지 확인한다.
- 미끄러짐 등의 사고를 방지하기 위해 안전화는 반드시 착용하되, 치수에 맞게 선택하고 오염 여부를 확인한다.
- 침, 콧물, 재채기 등으로 인한 오염물질이 제품에 혼입되지 않도록 마스크를 착용한다.
- 손에 의해 감염이 되는 대표적인 식중독균으로 황색포도상구균이 있으며, 사람의 화농성 상처에 많이 존재하므로 작업자 손의 화농성 상처를 반드시 점검하여 식중독을 예방한다.
- 손은 반드시 비누를 사용하여 20초 이상 깨끗이 씻는다.

작업환경 점검

- 작업장은 견고하고 평평하여야 한다.
- 작업장 바닥은 파여 있거나 갈라진 틈이 없어야 하고, 필요한 경우를 제외하고 마른 상태를 유지한다.
- 배수로는 작업장 외부 등에 폐수가 교차오염되지 않도록 덮개를 설치한다.
- 바닥, 벽, 천장은 생산환경 조건에 적합하고, 내구성 및 내수성이 있으며, 평활하고 세정이 용이한 것으로 한다.
- 벽, 바닥, 천장의 이음새가 틈이 없고 모서리는 오염이 되지 않도록 구배를 주며, 세정이 용이하도록 한다.
- 작업장 내 분리된 공간은 오염된 공기를 배출하기 위해 환풍기 등과 같은 강제 환기시설을 설치한다.

기기 도구 점검

- 팬 : 팬 내부에 코팅이 벗겨져 있는지 확인하고, 내・외부에 부스러기나 유지, 수분 등의 이물질이 있는지 확인하고 제거한다.
- 오븐 : 오븐을 청소할 때는 전용 세제, 식초, 베이킹소다를 사용하여 세척하고, 가열 후 내부에 열이 남아 있는 상태에서 하는 것이 더 효과적이다.

종사자의 개인 위생 관리

- 위생복, 위생모, 위생화를 항시 착용해야 한다.
- 앞치마, 고무장갑 등을 구분하여 사용하고, 매 작업 종료 시 세척, 소독을 실시한다.
- 개인용 장신구 등을 착용해서는 안 된다.
- 영업자 및 종업원에 대한 건강진단을 실시해야 한다.
- 전염성 상처나 피부병, 염증, 설사 등의 증상을 가진 식품 매개 질병 보균자는 식품을 직접 제조, 가공 또는 취급하는 작업을 금지해야 한다.
- 작업장 내의 지정된 장소 이외에서 식수를 포함한 음식물의 섭취 또는 비위생적인 행위를 금지해야 한다.
- 작업 중 오염 가능성이 있는 물품과 접촉하였을 경우 세척 또는 소독 등의 필요한 조치를 취한 후 작업을 실시해야 한다.

식중독의 분류 및 특징

- 세균성 식중독

원인균	증상 및 잠복기	원인	원인 식품	예방법
살모넬라균	• 증상 : 급성 위장염, 구토, 설사, 복통, 발열, 수양성 설사 • 잠복기 : 6~72시간	• 사람, 가축, 가금, 설치류, 애완동물, 야생동물 등 • 주요 감염원 : 닭고기	• 달걀, 식육 및 그 가공품, 가금류, 닭고기, 생채소 등 • 2차 오염된 식품에서도 식중독 발생 • 광범위한 감염원	• 62~65℃에서 20분간 가열로 사멸 • 식육의 생식을 금하고 이들에 의한 교차오염 주의 • 올바른 방법으로 달걀 취급 및 조리 • 철저한 개인 위생 준수
장염 비브리오균	• 증상 : 복통과 설사, 원발성 비브리오 패혈증 및 봉소염 • 잠복기 : 8~24시간이며 발병되면 15~20시간 지속	게, 조개, 굴, 새우, 가재, 패주 등 갑각류	• 제대로 가열되지 않거나 열처리되지 않은 어패류 및 그 가공품, 2차 오염된 도시락, 채소 샐러드 등의 복합 식품 • 오염된 어패류에 닿은 조리기구와 손가락 등을 통한 교차오염	• 어패류의 저온 보관 • 교차오염 주의 • 환자나 보균자의 분변 주의 • 60℃에서 5분, 55℃에서 10분 가열 시 사멸하므로 식품을 가열 조리
포도상구균	• 증상 : 구토와 메스꺼움, 복부 통증, 설사, 독감 증상, 구토, 근육통, 일시적인 혈압과 맥박 수의 변화 • 잠복기 : 2~4시간	• 사람 : 코, 피부, 머리카락, 감염된 상처 • 동물	• 크림이 있는 제빵류 • 샌드위치, 우유 및 유제품 • 부적절하게 재가열되거나 보온된 조리 식품 • 김밥, 초밥, 도시락, 떡, 우유 및 유제품, 가공육(햄, 소시지 등), 어육 제품 및 만두 등	• 화농성 질환이나 인두염에 걸린 사람의 식품 취급 금지 • 조리 종사자의 손 청결과 철저한 위생복 착용 • 식품 접촉 표면, 용기 및 도구의 위생적 관리

원인균	증상 및 잠복기	원인	원인 식품	예방법
병원성 대장균	• 증상 : 구토, 설사, 복통, 발열, 발한, 혈변 • 5세 이하의 유아 및 노인, 면역체계 이상자에게 특히 위험 • 잠복기 : 4~96시간	가축(소장), 사람	• 살균되지 않은 우유 • 덜 조리된 쇠고기 및 관련 제품	• 식품, 음용수 가열 • 철저한 개인 위생관리 • 주변 환경의 청결 • 분변에 의한 식품 오염 방지
보툴리누스균	• 증상 : 초기 증상은 구토, 변비 등의 위장 장해, 탈력감, 권태감, 현기증 • 신경계의 주된 증상은 복시, 시력 저하, 언어 장애, 보행 곤란, 사망의 위험성 • 잠복기 : 12~36시간	토양, 물	pH 4.6 이상 산도가 낮은 식품을 부적절한 가열 과정을 거쳐 진공 포장한 제품(통조림, 진공 포장 팩)	적절한 병조림, 통조림 제품 사용
바실루스 세레우스	• 증상 – 설사형 : 복통, 설사 – 구토형 : 구토, 메스꺼움 • 잠복기 – 설사형 : 6~15시간 – 구토형 : 0.5~6시간	토양, 곡물	• 설사형 : 향신료를 사용하는 요리, 육류 및 채소의 수프, 푸딩 등 • 구토형 : 쌀밥, 볶음밥, 국수, 시리얼, 파스타 등의 전분질 식품	• 곡류와 채소류는 세척하여 사용 • 조리된 음식은 5℃ 이하에서 냉장 보관 • 저온 보존이 부적절한 김밥 같은 식품은 조리 후 바로 섭취
여시니아 엔테로 콜리티카	• 증상 – 설사형 : 복통, 설사 – 구토형 : 구토, 메스꺼움 • 잠복기 : 24~48시간	가축, 토양, 물	오물, 오염된 물, 돼지고기, 양고기, 쇠고기, 생우유, 아이스크림 등	• 돈육 취급 시 조리기구와 손의 세척 및 소독을 철저히 함 • 저온 생육이 가능한 균이므로 냉장 및 냉동육과 그 제품의 유통 과정상에 주의

• 바이러스성 식중독

원인균	증상 및 잠복기	원인	원인 식품	예방법
노로 바이러스	• 증상 : 바이러스성 장염, 메스꺼움, 설사, 복통, 구토 • 어린이, 노인과 면역력이 약한 사람에게는 탈수 증상 발생 • 잠복기 : 1~2일	• 사람의 분변, 구토물 • 오염된 물	• 샌드위치, 제빵류, 샐러드 등의 즉석조리식품(Ready-to-eat Food) • 케이크 아이싱, 샐러드 드레싱 • 오염된 물에서 채취된 패류(특히 굴)	• 철저한 개인 위생관리 • 인증된 유통업자 및 상점에서의 수산물 구입
로타 바이러스	• 증상 : 구토, 묽은 설사, 영유아에게 감염되어 설사의 원인이 됨 • 잠복기 : 1~3일	• 사람의 분변과 입으로 감염 • 오염된 물	• 물과 얼음 • 즉석조리식품 • 생채소나 과일	• 철저한 개인 위생관리 • 교차오염 주의 • 충분한 가열

▮ 식중독 발생 시 조치 방법

- 현장 조치
  - 건강진단 미실시자, 질병에 걸린 환자 조리 업무 중지
  - 영업 중단
  - 오염 시설 사용 중지 및 현장 보존
- 후속 조치
  - 질병에 걸린 환자 치료 및 휴무 조치
  - 추가 환자 정보 제공
  - 시설 개선 즉시 조치
  - 전처리, 조리, 보관, 해동 관리 철저
- 사후 예방
  - 작업 전 종사자의 건강상태 확인
  - 주기적인 종사자 건강진단 실시
  - 위생교육 및 훈련 강화
  - 조리 위생수칙 준수
  - 시설, 기구 등 주기적인 위생상태 확인

▮ 경구감염병

- 감염자의 분변이나 구토물이 감염원이 되어 식품이나 식수를 통해 전염되는 질병이다.
- 동일한 물을 많은 사람들이 함께 사용하므로(음용수) 환자 발생이 폭발적으로 유행할 수 있다.
- 음용수 사용을 관리하여 감염병을 예방할 수 있다.
- 치명률이 낮고 2차 감염 발생이 높다.
- 장티푸스, 세균성 이질, 파라티푸스, 콜레라, 아메바성 이질, 유행성 간염, 소아마비 등이 있다.

▮ 작업장 위생안전관리

- 작업장
  - 내수성, 내열성, 내약품성, 항균성, 내부식성 등이 있으며 세척, 소독이 용이해야 한다.
  - 틈, 구멍이 발생되지 않도록 관리한다.
  - 필요한 경우를 제외하고 마른 상태를 유지한다.
  - 배수로를 통한 교차오염 및 안전사고 예방을 위해 덮개를 설치한다.
- 바닥, 벽, 천장
  - 내구성 및 내구성이 있으며, 평활하고 세정이 용이해야 한다.
  - 바닥, 벽, 천장의 이음새에 틈이 없고, 바닥의 모서리는 구배를 주어야 한다.
- 환기시설 : 오염된 공기(수증기, 먼지, 악취, 유해가스 등)는 환기시설로 배출시켜야 한다.

■ HACCP(Hazard Analysis and Critical Control Point)의 12단계 7원칙

단계	절차	설명	비고
1	HACCP팀 구성	HACCP을 진행할 팀을 설정하고, 수행 업무와 담당을 기재한다.	준비 단계
2	제품 설명서 작성	생산하는 제품에 대해 설명서를 작성한다. 제품명, 제품 유형 및 성상, 제조 단위, 완제품 규격, 보관 및 유통 방법, 포장 방법, 표시 사항 등이 해당한다.	
3	용도 확인	예측 가능한 사용 방법과 범위 그리고 제품에 포함된 잠재성을 가진 위해물질에 민감한 대상 소비자를 파악하는 단계이다.	
4	공정 흐름도 작성	원료 입고에서부터 완제품의 출하까지 모든 공정 단계를 파악하여 흐름을 도식화한다.	
5	공정 흐름도 현장 확인	작성된 공정 흐름도가 현장과 일치하는지를 검증하는 단계이다.	
6	위해요소 분석	원료, 제조 공정 등에 대해 생물학적, 화학적, 물리적인 위해를 분석하는 단계이다.	원칙 1
7	중요관리점(CCP) 결정	HACCP을 적용하여 식품의 위해를 방지, 제거하거나 안전성을 확보할 수 있는 단계 또는 공정을 결정하는 단계이다.	원칙 2
8	중요관리점(CCP) 한계 기준 설정	결정된 중요관리점에서 위해를 방지하기 위해 한계 기준을 설정하는 단계로, 육안 관찰이나 측정으로 현장에서 쉽게 확인할 수 있는 수치 또는 특정 지표로 나타내어야 한다(온도, 시간, 습도).	원칙 3
9	중요관리점(CCP) 모니터링 체계 확립	중요관리점에 해당되는 공정이 한계 기준을 벗어나지 않고 안정적으로 운영되도록 관리하기 위하여 종업원 또는 기계적인 방법으로 수행하는 일련의 관찰 또는 측정할 수 있는 모니터링 방법을 설정한다.	원칙 4
10	개선 조치 및 방법 수립	모니터링에서 한계 기준을 벗어날 경우 취해야 할 개선 조치를 사전에 설정하여 신속하게 대응할 수 있도록 방안을 수립한다.	원칙 5
11	검증 절차 및 방법 수립	HACCP 시스템이 적절하게 운영되고 있는지를 확인하기 위한 검증 방법을 설정하는 것이다. 현재의 HACCP 시스템이 설정한 안전성 목표를 달성하는 데 효과적인지, 관리 계획대로 실행되는지, 관리 계획의 변경 필요성이 있는지 등이 이에 해당한다.	원칙 6
12	문서화 및 기록 유지	HACCP 체계를 문서화하는 효율적인 기록 유지 및 문서 관리 방법을 설정하는 것으로, 이전에 유지 관리하고 있는 기록을 우선 검토하여 현재의 작업 내용을 쉽게 통합한 가장 단순한 것으로 한다.	원칙 7

CHAPTER 02 제과점 관리

구매 계약의 유형

• 경쟁 입찰 계약
- 계약 내용을 공지하면 불특정 다수의 대상자가 가격 등 유리한 조건으로 제시한 업체와 계약을 체결하는 방법이다.
- 공개적이기 때문에 새로운 거래처를 개발할 수도 있으며, 공평하고 경제적이며 합리적이라는 장점이 있다.

• 협의 계약
- 납품받을 물품의 가격을 규격, 구매 단위, 납품 간격에 따라 탄력적으로 협의하여 계약을 체결하는 방법이다.
- 신속하게 구매할 수 있다는 장점이 있다.

• 수의 계약
- 협의 계약과 마찬가지로 경쟁 방법을 거치지 않고 협의를 통해 계약 내용을 수행할 특정인과 거래를 체결하는 방법이다.
- 구매 절차가 간편하고 거래의 신속성과 정확성을 보장받을 수 있으며, 거래처의 안전성과 신용 거래처로서의 선정이 용이하다는 장점이 있다.

구매의 유형

• 중앙 구매
- 여러 지점에서 영업이 이루어지는 경우 본사에서 구매 전문 팀을 두고 중앙에서 일괄적으로 원료 및 부재료를 구매하는 방법을 말한다.
- 구매 전문가에 의해 대량 구매로 비용 절감 효과가 있으며, 구매 조직의 집중도가 향상되어 거래처 관리가 용이하다.
- 반면, 다양한 품목을 취급하기 때문에 구매 절차가 복잡하고 발주 후 검수, 입출고, 재고 관리 등 장시간이 소요되며, 긴급 발주에 불리하다는 단점이 있다.

• 분산 구매
- 각 지점이나 관련 부서에서 독립적으로 필요한 물품을 구매하는 방법이다.
- 구매 절차가 간단하고 소품목 소량 단위로 신속한 구매가 가능하며 긴급 발주에 유리하다는 장점이 있다.
- 경비와 구입 단가가 높아 비경제적이며 원거리에서 물품을 구입할 경우 비효율적이라는 단점이 있다.

- 수시 구매 : 중앙 구매 및 분산 구매 등 모든 구매 행위에서 발생할 수 있으나, 자동 발주 시스템 또는 판매 및 생산 계획을 토대로 이루어지는 구매 행위 이외에 돌발 상황이나 긴급한 상황에서 일어나는 구매를 말한다.
- 공동 구매
  - 공동 구매는 서로 다른 기업 또는 제과점들의 경영자나 책임자가 공동 목적으로 협력을 통해 단일 품목 또는 다품목을 구매하는 방법이다.
  - 일반적으로 협동조합이나 협회에서 단합하여 구매 행위가 일어나며 개별 단위의 구매 행위보다 구매 규모가 커지므로 원가 절감, 공급업체와의 협상에서 유리한 입장이 될 수 있다.
  - 공동 구매 참여 업체들의 구매 품목에 대한 규격과 상세 명세서를 참고하여 정확한 정보를 모두에게 제공하고 공동 구매 제품의 규격과 상세 명세서에 대해 모두 동의하에 공동 구매가 이루어져야 한다.

구매 절차

구매 물품 및 소요량의 결정 → 구매 요구서 및 발주서의 작성 → 원·부재료의 검수 → 원·부재료의 저장 → 공급업체 평가

검수 방법

- 전수 검수 방법
  - 납품되는 모든 원·부재료를 검사하는 방법이다.
  - 물량이 적거나 원가가 높은 원·부재료를 검수할 경우 사용하는 방법으로, 정확한 검사 방법이지만 시간과 비용이 많이 투입되는 단점이 있다.
- 발췌 검수 방법
  - 납품되는 원·부재료의 일부를 무작위로 선택하여 검사하는 방법이다.
  - 제분업체에서 밀과 같은 대량 구매인 경우 시간과 비용을 절감하기 위해 행하는 방법이다.
  - 구매자와 공급업자 간의 신뢰도가 높은 경우 이 방법을 활용한다.

재고 관리 방법

- 정량 주문 방식 : 베이커리 부서에서 가장 많이 쓰인다. 이 방식은 원재료의 재료량이 줄어들면 일정량을 주문하는 방식이다. 재고량도 사용 또는 판매의 형태로 소비되므로 그만큼 보충하지 않으면 안 된다.
- ABC 분석
  - 자재의 품목별 사용금액을 기준으로 하여 자재를 분류하고 그 중요도에 따라 적절한 관리 방식을 도입하여 자재의 관리 효율을 높이는 방안이다.
  - 자재의 소비 금액이 큰 것의 순서로 나열하고 누계 곡선을 작성하고, 상위의 약 10%의 것을 A그룹, 다음의 20%에 해당하는 것을 B그룹, 나머지 70%를 C그룹으로 한다.

생산 계획

• 수요 예측에 따라 생산의 여러 활동을 계획하는 것으로 생산해야 할 상품의 종류, 수량, 품질, 생산 시기, 실행 예산 등을 과학적으로 계획하는 일이다.

• 계획 목표 : 노동 생산성, 가치 생산성, 노동 분배율, 1인당 이익을 세우는 일이다.

> • 노동 생산성 $= \frac{\text{생산 금액}}{\text{소요인원 수}}$
>
> • 가치 생산성 $= \frac{\text{생산 가치}}{\text{연 인원}}$
>
> • 노동 분배율 $= \frac{\text{인건비}}{\text{생산 가치}}$
>
> • 1인당 이익 $= \frac{\text{조 이익}}{\text{연 인원}}$

수요 예측의 기법 – 정성적 방법

• 델파이 기법

– 델파이(Delphi)란 말은 고대 그리스 사람들이 델파이라는 곳에 있는 예언자에게 미래의 상황에 대하여 묻고자 방문한 데서 유래되었다고 한다.

– 델파이 방법은 예측 사안에 대하여 전문가 그룹을 이용하여 합의에 도달한다.

– 델파이 기법의 장단점

장점	단점
• 일련의 전문가들이 판단에 필요한 자료를 제공한다. • 전문가들을 한 장소에 모으기 어렵거나, 모여서 대면하는 것이 불편한 경우 이용될 수 있다. • 독립적으로 의견을 개진함으로써 불필요한 상호 영향을 배제할 수 있다. • 참석하는 전문가의 익명을 보장할 수 있어 정확한 의견을 개진할 수 있다.	• 질문서의 문항이 명확하지 못하여 질문에 대한 답이 문제와 다른 경우를 볼 수 있다. • 기간이 오래 걸리면 구성원이 변경될 수 있다. • 전문가가 문제에 대하여 정확한 지식을 갖지 못할 경우가 있으며, 이에 대한 구별을 사전에 파악하기 어렵다. • 전문가가 응답에 대한 책임을 지지 않는다.

• 시장조사법 : 실제 시장에 대하여 조사하려는 내용에 대한 가설 설정과 조사 실험을 실시한다.

수요 예측의 기법 – 객관적 방법

- 회귀 분석법 : 회귀 분석은 변수 간의 관계를 분석하여 독립 변수와 종속 변수 간의 관계를 회귀식으로 만들어 예측하는 것으로 수요 변수가 종속 변수이며 이를 위하여 사용되는 변수는 독립 변수로 보고, 이 독립 변수와 종속 변수의 관계를 방정식으로 표현함으로써 독립 변수의 값이 주어진 경우 종속 변수, 즉 미래의 수요를 예측하는 방법이다. 회귀 분석은 단순 회귀 분석과 중 회귀 분석으로 나뉜다.
- 평균법 : 과거의 실적 자료가 주어진 경우 가장 손쉽게 사용할 수 있는 방법인 평균을 이용한 방법이다.

[연간 수요의 자료]

연차	1	2	3	4	5	6	7	8	9	10	11
실적	10	11	12	13	12	13	13	14	14	15	16

평균법에 의한 12년차의 수요 예측 결과는 다음과 같다.

$$\frac{10+11+12+13+12+13+13+14+14+15+16}{11}=13$$

원가의 구성

- 직접 원가 = 직접 재료비 + 직접 노무비 + 직접 경비
- 제조 원가 = 직접 원가 + 제조 간접비
- 총원가 = 제조 원가 + 판매비 + 일반 관리비
- 판매 가격 = 총원가 + 이익

CHAPTER 03

빵류 제품제조

반죽 온도 조절의 3단계

• 마찰 계수 계산

마찰 계수 = 반죽의 결과 온도* × 3 − (실내 온도 + 밀가루 온도 + 사용한 물의 온도)
* 반죽의 결과 온도 : 마찰 계수를 고려하지 않은 상태에서의 반죽 혼합 후 측정한 온도

• 직접 반죽법에 사용할 물 온도 계산

사용할 물의 온도 = 반죽 희망 온도 × 3 − (밀가루 온도 + 실내 온도 + 마찰 계수)

• 얼음 사용량 계산

얼음 사용량 = 물 사용량 × (사용한 물의 온도 − 사용할 물의 온도) / (80* + 사용한 물의 온도)
* 섭씨일 때 물 1g이 얼음 1g으로 되는 데 필요한 열량 계수

얼음 사용량을 계산한 후, 사용할 물의 무게는 전체 물 무게에서 얼음 무게를 빼고 계산을 한 후 얼음을 더하여 사용한다.

반죽 작업 공정의 6단계

• 혼합 단계(Pick-up Stage) : 각 재료들이 고르게 퍼져 섞이고 건조한 가루 재료에 수분이 흡수된다.
• 클린업 단계(Clean-up Stage)
  - 수분이 밀가루에 흡수되어 한 덩어리의 반죽이 만들어지는 단계이다.
  - 밀가루의 수화가 끝나고 글루텐이 조금씩 결합하기 시작한다.
  - 유지를 넣는 단계이다.
• 발전 단계(Development Stage) : 글루텐의 결합이 급속히 진행되어 반죽의 탄력성이 최대가 되는 단계이며, 반죽기에 최대 에너지가 요구된다.
• 최종 단계(Final Stage)
  - 글루텐이 결합되는 마지막 공정이다. 반죽의 신장성이 최대가 되며 반죽이 반투명한 상태이다.
  - 반죽을 조금 떼어 내 두 손으로 잡아당기면 찢어지지 않고 얇은 막을 형성하며 늘어난다.

- 렛 다운 단계(Let Down Stage)
  - 글루텐이 결합됨과 동시에 다른 한쪽에서 끊기는 단계다.
  - 반죽은 탄력성을 잃고 신장성이 커진다. 반죽이 늘어지며 점성이 많아져 끈끈해진다.
  - 흔히 이 단계를 '오버 믹싱' 단계라고 한다.
  - 햄버거빵, 잉글리시 머핀 반죽은 이 단계에서 반죽을 마친다.
- 브레이크 다운 단계(Break Down Stage)
  - 글루텐이 더 이상 결합하지 못하고 끊어지는 단계이다.
  - 반죽에 탄력성이 전혀 없이 축 늘어지며 곧 끊어진다.
  - 반죽을 구우면 오븐에서의 팽창(Oven Spring)이 일어나지 않아 부피가 작으며 표피와 속결이 거친 제품이 나온다.

스트레이트법의 제빵 공정

재료 계량 → 반죽 → 1차 발효 → 정형(분할 → 둥글리기 → 중간 발효 → 성형 → 팬닝) → 2차 발효 → 굽기 → 냉각 → 포장

비상스트레이트법 변환 시 조치 사항

구분	조치 사항	내용
필수적 조치	생이스트 사용량 2배 증가	발효 속도 촉진
	반죽 온도 30℃	발효 속도 촉진
	흡수율 1% 증가	높은 반죽 온도로 인한 작업성 향상
	설탕 사용량 1% 감소	발효 시간의 단축으로 인하여 잔류당 증가 - 껍질 색 조절
	반죽 시간 20~25% 증가	반죽의 기계적 발달 촉진 - 글루텐 숙성 보완
	1차 발효 시간 15~30분	공정 시간 단축
선택적 조치	소금 사용량 1.75%까지 감소	삼투압 현상에 의한 이스트 활동 저해 감소
	탈지분유 1% 감소	발효 속도를 조절하는 완충제 역할로 인한 발효 시간 지연 조절
	제빵 개량제 증가	이스트의 활동을 촉진하는 역할
	식초나 젖산 첨가	짧은 발효 시간으로 인한 pH 조절

스펀지 발효 시간 기준

- 4시간 표준 스펀지법(3~5시간), 단시간 스펀지법(2시간), 장시간 스펀지법(8시간), 오버나이트 스펀지법(12~24시간)으로 구분된다.
- 일반적으로는 4시간 표준 스펀지법을 많이 사용하지만, 생산력이 부족하거나 협소한 공간에서 여러 가지 작업을 진행할 경우 오버나이트 스펀지법이 효과적이다.

스번지 도우(Dough)법의 본반죽

- 스펀지 도우 반죽법은 스펀지 반죽과 본반죽을 구분하여 2회의 반죽과 2회의 발효를 거치는 반죽법이다.
- 본반죽은 스펀지 반죽이 끝나고 다양한 발효 시간을 거친 스펀지 반죽에 나머지 재료를 넣어 글루텐을 형성시킨 다음 스트레이트법과 같은 공정을 거쳐 진행한다.
- 이때 스펀지 반죽과 나머지 재료가 잘 혼합되어 신장성을 높인 본반죽을 만들고, 이후 본반죽의 발효가 진행된다. 이를 플로어 타임(Floor Time)이라고 부르며, 10~40분 정도 진행한다. 본반죽의 혼합 시간은 5~10분 정도이며, 반죽의 최종 온도는 25~28℃ 정도이다.

발효의 정의

발효 중 물리·화학적 변화가 일어나 반죽이 팽창하고, 발효가 진행됨에 따라 생성되는 유기산 때문에 pH는 낮아져 반죽의 신전성과 탄력성이 변화되어 반죽을 잡아 늘이면 찢어지고 글루텐은 연해져서 생물학적 숙성이 이루어진다.

발효의 목적

반죽의 팽창, 반죽의 숙성, 향기 물질의 생성

2차 발효

2차 발효는 성형하여 팬닝한 반죽을 최적의 크기가 되게 잘 부풀도록 조치하는 과정이다. 반죽은 정형을 하는 동안 반죽 내의 큰 가스가 제거되어 부피가 작고 탄력이 없는 글루텐 조직을 갖게 되는데, 빵 종류별로 신전성이 좋고 이산화탄소가 많이 함유되어 원하는 부피가 되도록 2차 발효를 한다.

둥글리기의 목적

- 분할하는 동안 흐트러진 글루텐을 정돈한다.
- 분할된 반죽을 성형하기 적정하도록 표피를 형성한다.
- 가스를 반죽 전체에 균일하게 시키며 반죽의 기공을 고르게 한다.
- 성형할 때 반죽이 끈적거리지 않도록 매끈한 표피를 형성한다.
- 중간 발효 중에 발생하는 가스를 보유할 수 있는 얇은 막을 표면에 형성한다.

중간 발효

- 중간 발효는 둥글리기가 끝난 반죽을 성형하기 쉽도록 짧게 발효시키는 작업이다.
- 오버헤드 프루퍼 : 주로 연속식 컨베이어 시스템을 갖춘 대규모 공장에서 사용하는 중간 발효 방법이다.

팬닝 시 반죽량의 계산

반죽의 적정 분할량 = 틀의 부피 ÷ 비용적

경사진 사각 틀(식빵 팬)의 틀 부피를 구하는 공식

- 틀 부피(cm^3) = 평균 가로 길이(cm) × 평균 세로 길이(cm) × 높이(cm)
- 평균 가로(cm) = [윗면 가로(cm) + 아랫면 가로(cm)] ÷ 2
- 평균 세로(cm) = [윗면 세로(cm) + 아랫면 세로(cm)] ÷ 2

제품에 따른 비용적

제품의 종류	비용적(cm^3/g)
풀먼식빵	3.8~4.0
일반 식빵	3.2~3.4

굽기의 생화학적 반응

- 반죽 온도가 60℃가 될 때까지는 효소의 작용이 활발해지고 휘발성 물질이 증가하여 프로테이스(Protease, 프로테아제)가 글루텐을 연화시키며, 아밀레이스는 전분을 분해하여 부드러운 반죽을 만들어 반죽의 팽창을 쉽게 한다.
- 이스트의 활동은 55℃에 이르면 저하되기 시작하여 60℃에 사멸하고 전분의 호화가 시작된다.
- 글루텐의 응고는 75℃ 전후로 시작하여 빵의 골격을 이루며, 반죽이 완전히 익을 때까지 지속된다. 이스트가 사멸되기 전까지 반죽 온도가 오름에 따라 발효 속도가 빨라져 반죽이 부푼다. 더욱이 이스트가 사멸된 후에도 80℃까지 탄산 가스가 열에 의해 팽창하면서 반죽의 팽창은 지속된다.
- 반죽의 표면은 지속적인 열을 받아 160℃를 넘어서면 당과 아미노산이 메일라드(Maillard, 마이야르) 반응을 일으켜 멜라노이드를 만들고 껍질 부분에 존재하는 당이 캐러멜화되며, 전분이 덱스트린으로 분해되어 향과 껍질 색이 완성된다.

▌스팀 사용 목적

- 스팀은 프랑스빵, 하드 롤, 호밀빵 등의 하스브레드(Hearth Bread)를 구울 때 많이 사용된다.
- 반죽 내에 유동성을 증가시킬 수 있는 설탕, 유지, 달걀 등의 재료의 비율이 낮은 경우 오븐 내에서 급격한 팽창을 일으키기에는 반죽의 유동성이 부족하기 때문에 반죽을 오븐에 넣고 난 직후에 수분을 공급하여 표면이 마르는 시간을 늦춰 오븐 스프링을 유도하는 기능을 수행한다.
- 이를 통해 빵의 볼륨이 커지고 빵의 표면에 껍질이 얇아지면서 윤기가 나는 빵이 만들어진다.

▌튀김용 유지의 조건

- 기름에 튀겨지는 동안 구조 형성에 필요한 열전달을 할 수 있어야 한다.
- 튀김 중이나 튀김 후에 불쾌한 냄새가 나지 않아야 한다.
- 제품이 냉각되는 동안 충분히 응결되어 설탕이 탈색되거나 지방 침투가 되지 않아야 한다.
- 기름의 대치에 있어서 그 성분과 기능이 바뀌어서는 안 된다.
- 발연점이 높은 것이 좋다.
- 엷은 색을 띠며 특유의 향이나 착색이 없어야 한다.
- 튀김 기름의 유리 지방산 함량이 0.1% 이상이 되면 발연 현상이 나타나므로 0.35~0.5%가 적당하다.
- 수분 함량은 0.15% 이하로 유지해야 한다.

▌고율배합빵

- 일반적으로 고율배합이란 필수 재료를 제외한 부재료의 비율이 전체 중량 대비 20~25% 이상 함유된 빵을 말한다.
- 부재료의 비율은 단과자빵의 경우 25% 내외, 슈톨렌의 경우 35~40%, 브리오슈의 경우에는 40% 이상 첨가되는 것이 일반적이다.

▌고율배합빵 반죽의 특징

- 고율배합빵 반죽은 유지, 달걀, 설탕 등이 물과 섞이면 부드러운 성질을 나타낸다.
- 반죽에 부재료가 많이 첨가되면 반죽의 유동성이 좋아지고 부드러워져 저장성이 높아지며, 맛이 좋아진다.
- 다량의 유지 첨가로 인해 물과 밀가루와의 혼합 시간이 길어지고, 반죽도 진 경우가 많아 반죽 시간이 길어진다. 또한 반죽 자체가 부드러워 글루텐의 형성 여부를 판단하기가 쉽지 않다.
- 고율배합빵 반죽의 경우 반죽 상태를 확인함과 동시에 시간도 같이 고려하는 것이 바람직하다.

저율배합빵

- 저율배합빵은 설탕, 유지, 달걀 등의 비율이 낮으며 빵의 기본 재료인 밀가루, 소금, 물을 위주로 하여 만든 소박한 빵을 말한다.
- 가장 대표적인 빵으로 바게트(Baguette), 캄파뉴(Campagne, 깜파뉴), 치아바타(Ciabatta) 등의 유럽식 빵이 있다.

냉동 반죽

냉동 반죽은 빵 반죽 또는 반가공품을 급속 냉동하여 x시간에서 x일까지 굽기를 연장하여, 일정한 품질을 장기간 유지하고 필요한 시기에 해동·생산하는 것을 말한다.

냉동 반죽의 장점

- 신선한 빵 공급
- 노동력 절약
- 휴일 대책
- 야간작업 감소 또는 폐지
- 작업 효율의 극대화
- 다품종 소량 생산 가능
- 설비와 공간의 절약
- 배송의 합리화
- 반품의 감소
- 재고 관리의 용이
- 가정용 제빵 생산의 단순화

냉동 반죽법

- 냉동 반죽을 만드는 반죽법 중 가장 널리 사용되는 제빵법으로는 직접 반죽법(Straight Dough Method)과 노타임 반죽법(No-time Dough Method)이 있다.
- 냉동 반죽에 사용되는 제빵법은 반죽을 냉동함으로써 물리·화학적으로 많은 변화가 일어난다. 즉 탄성, 신장성, 점성의 변화가 일반적인 제빵 공정 및 제빵법과는 다르다.
- 동결 공정에 의해 반죽의 물리·생화학적 변화로 인한 냉동 반죽은 동결 전 발효(반죽 후 1차 발효)를 억제시키는 것이 좋다. 이를 위하여 후염법과 후이스트법을 사용한다. 후염법은 반죽 혼합 시 글루텐 발전 40~50% 시점에서 소금을 넣고, 후이스트법은 글루텐 발전 60~70% 시점에서 이스트를 넣는 방법을 말한다.

PART

01

핵심이론

제빵 산업기사

필 기

초단기완성

CHAPTER

01 위생안전관리

제 1 절 빵류 제품 생산작업 준비

[개인 위생 점검]

① 머리카락이나 비듬 등도 황색포도상구균의 오염원이 될 수 있으므로 반드시 청결한 위생모를 착용한다.

② 옷장은 일상복과 위생복을 구분하여 보관하고, 탈의실을 작업장 외부에 설치하여 제품으로의 이물질 혼입 또는 식중독균에 의한 교차오염 발생 가능성을 줄인다.

③ 앞치마를 착용하되 청결한지 확인한다.

④ 미끄러짐 등의 사고를 방지하기 위해 안전화는 반드시 착용하되, 치수에 맞게 선택하고 오염 여부를 확인한다.

⑤ 침, 콧물, 재채기 등으로 인한 오염물질이 제품에 혼입되지 않도록 마스크를 착용한다.

⑥ 손에 의해 감염이 되는 대표적인 식중독균으로 황색포도상구균이 있으며, 사람의 화농성 상처에 많이 존재하므로 작업자 손의 화농성 상처를 반드시 점검하여 식중독을 예방한다.

⑦ 손은 반드시 비누를 사용하여 20초 이상 깨끗이 씻는다.

[작업환경 점검]

① 작업장은 견고하고 평평하여야 한다.

② 작업장 바닥은 파여 있거나 갈라진 틈이 없어야 하고, 필요한 경우를 제외하고 마른 상태를 유지한다.

③ 배수로는 작업장 외부 등에 폐수가 교차오염되지 않도록 덮개를 설치한다.

④ 바닥, 벽, 천장은 생산환경 조건에 적합하고, 내구성 및 내수성이 있으며, 평활하고 세정이 용이한 것으로 한다.

⑤ 벽, 바닥, 천장의 이음새가 틈이 없고 모서리는 오염이 되지 않도록 구배를 주며, 세정이 용이하도록 한다.

⑥ 작업장 내 분리된 공간은 오염된 공기를 배출하기 위해 환풍기 등과 같은 강제 환기시설을 설치한다.

[기기 도구 점검]

① **팬** : 팬 내부에 코팅이 벗겨져 있는지 확인하고, 내・외부에 부스러기나 유지, 수분 등의 이물질이 있는지 확인하고 제거한다.

② **오븐** : 오븐을 청소할 때는 전용 세제, 식초, 베이킹소다를 사용하여 세척하고, 가열 후 내부에 열이 남아 있는 상태에서 하는 것이 더 효과적이다.

[도구 재질에 따른 세척 및 보관하기]

① 스테인리스 스틸은 중성 세제로 세척한 후 마른행주로 물기를 제거하고 실온에 보관한다.

② 플라스틱과 고무류는 열에 약하기 때문에 건조기 등에 넣어 보관하면 변형이 생기거나 고무의 탄성이 저하되므로 주의한다.

③ 나무 재질의 도구는 수분이 남아 있으면 곰팡이 등 유해물질이 생길 수 있으므로 물에 세척하지 말고 젖은 행주로 닦고 마른행주로 물기를 제거하여 보관한다.

제 2 절 빵류 제품 위생안전관리

[개인 위생안전관리]

① 개인 위생안전

㉠ 식품의 채취, 제조, 가공, 조리 등에 종사하는 식품 취급자들은 개인 위생관리에 신경써야 한다.

㉡ 대부분의 식중독을 비롯한 식인성 병해는 식품 취급자에 의하여 발생하는 경우가 많기 때문에 개인 위생상태를 관리해야 한다.

㉢ 개인 위생의 중요성

- 식품 취급자로 하여금 소비자에게 안전한 식품을 공급할 수 있는 척도가 된다.
- 식중독 방지에 있어서 매우 중요하다.
- 개인의 청결, 흡연, 위생복, 금지하는 행동이나 습관 등이 포함된 내용을 종사원이 쉽게 볼 수 있는 곳에 부착해 두는 것이 좋다.

② 종사자의 개인 위생관리

㉠ 위생복, 위생모, 위생화를 항시 착용해야 한다.

㉡ 앞치마, 고무장갑 등을 구분하여 사용하고, 매 작업 종료 시 세척, 소독을 실시한다.

㉢ 개인용 장신구 등을 착용해서는 안 된다.

㉣ 영업자 및 종업원에 대한 건강진단을 실시해야 한다.

㉤ 전염성 상처나 피부병, 염증, 설사 등의 증상을 가진 식품 매개 질병 보균자는 식품을 직접 제조, 가공 또는 취급하는 작업을 금지해야 한다.

㉥ 작업장 내의 지정된 장소 이외에서 식수를 포함한 음식물의 섭취 또는 비위생적인 행위를 금지해야 한다.

㉦ 작업 중 오염 가능성이 있는 물품과 접촉하였을 경우 세척 또는 소독 등의 필요한 조치를 취한 후 작업을 실시해야 한다.

③ 건강진단

㉠ 식품위생법에 따라 건강진단은 「식품위생 분야 종사자의 건강진단 규칙」이 정하는 바에 따라 받게 된다.

㉡ 다른 사람에게 위해를 끼칠 염려가 있는 질병이 있으면 영업에 종사하지 못하게 되고, 건강진단을 받지 않은 사람도 역시 식품 영업에 종사하지 못한다.

㉢ 식품 영업에 종사하는 사람은 1년에 1회씩 정기적으로 식품위생법에서 규정한 검사 항목에 대하여 건강진단을 받아야 한다.

㉣ 설사, 발열, 구토 등 이상 증상이 있는 경우 즉시 영업자나 위생 책임자에게 보고해야 한다.

㉤ 특히 작업 중 피부 상처, 칼 베임, 곪은 상처 등이 생기면 상처 부위에 식중독을 유발할 수 있는 황색포도상구균의 오염 가능성이 있기 때문에 식품위생 책임자의 지시에 따른다.

더THE 알아보기

올바르지 못한 개인 행동습관
- 작업 시 손으로 머리를 긁거나 입을 닦는 것
- 작업 시 시계, 반지, 장신구 등을 착용하는 것
- 손 세척 후 손의 물기를 앞치마나 위생복에 문질러 닦는 것
- 스푼으로 직접 음식을 맛보는 것 등

[식중독]

① 정의 : 식품 섭취로 인하여 유해한 미생물 또는 유독물질에 의하여 발생하였거나 발생한 것으로 판단되는 감염성 질환 또는 독소형 질환으로써 급성 위장염을 주된 증상으로 하는 건강 장해를 말한다.

② 식중독의 분류 및 특징

㉠ 세균성 식중독

원인균	증상 및 잠복기	원인	원인 식품	예방법
살모넬라균	• 증상 : 급성 위장염, 구토, 설사, 복통, 발열, 수양성 설사 • 잠복기 : 6~72시간	• 사람, 가축, 가금, 설치류, 애완동물, 야생동물 등 • 주요 감염원 : 닭고기	• 달걀, 식육 및 그 가공품, 가금류, 닭고기, 생채소 등 • 2차 오염된 식품에서도 식중독 발생 • 광범위한 감염원	• 62~65℃에서 20분간 가열로 사멸 • 식육의 생식을 금하고 이들에 의한 교차오염 주의 • 올바른 방법으로 달걀 취급 및 조리 • 철저한 개인 위생 준수
장염 비브리오균	• 증상 : 복통과 설사, 원발성 비브리오 패혈증 및 봉소염 • 잠복기 : 8~24시간이며 발병되면 15~20시간 지속	게, 조개, 굴, 새우, 가재, 패주 등 갑각류	• 제대로 가열되지 않거나 열처리되지 않은 어패류 및 그 가공품, 2차 오염된 도시락, 채소 샐러드 등의 복합 식품 • 오염된 어패류에 닿은 조리기구와 손가락 등을 통한 교차오염	• 어패류의 저온 보관 • 교차오염 주의 • 환자나 보균자의 분변 주의 • 60℃에서 5분, 55℃에서 10분 가열 시 사멸하므로 식품을 가열 조리

원인균	증상 및 잠복기	원인	원인 식품	예방법
포도상구균	• 증상 : 구토와 메스꺼움, 복부 통증, 설사, 독감 증상, 구토, 근육통, 일시적인 혈압과 맥박수의 변화 • 잠복기 : 2~4시간	• 사람 : 코, 피부, 머리카락, 감염된 상처 • 동물	• 크림이 있는 제빵류 • 샌드위치, 우유 및 유제품 • 부적절하게 재가열되거나 보온된 조리 식품 • 김밥, 초밥, 도시락, 떡, 우유 및 유제품, 가공육(햄, 소시지 등), 어육제품 및 만두 등	• 화농성 질환이나 인두염에 걸린 사람의 식품 취급 금지 • 조리 종사자의 손 청결과 철저한 위생복 착용 • 식품 접촉 표면, 용기 및 도구의 위생적 관리
병원성 대장균	• 증상 : 구토, 설사, 복통, 발열, 발한, 혈변 • 5세 이하의 유아 및 노인, 면역체계 이상자에게 특히 위험 • 잠복기 : 4~96시간	가축(소장), 사람	• 살균되지 않은 우유 • 덜 조리된 쇠고기 및 관련 제품	• 식품, 음용수 가열 • 철저한 개인 위생관리 • 주변 환경의 청결 • 분변에 의한 식품 오염 방지
보툴리누스균	• 증상 : 초기 증상은 구토, 변비 등의 위장 장해, 탈력감, 권태감, 현기증 • 신경계의 주된 증상은 복시, 시력 저하, 언어 장애, 보행 곤란, 사망의 위험성 • 잠복기 : 12~36시간	토양, 물	pH 4.6 이상 산도가 낮은 식품을 부적절한 가열 과정을 거쳐 진공 포장한 제품(통조림, 진공 포장 팩)	적절한 병조림, 통조림 제품 사용
바실루스 세레우스	• 증상 – 설사형 : 복통, 설사 – 구토형 : 구토, 메스꺼움 • 잠복기 – 설사형 : 6~15시간 – 구토형 : 0.5~6시간	토양, 곡물	• 설사형 : 향신료를 사용하는 요리, 육류 및 채소의 수프, 푸딩 등 • 구토형 : 쌀밥, 볶음밥, 국수, 시리얼, 파스타 등의 전분질 식품	• 곡류와 채소류는 세척하여 사용 • 조리된 음식은 5℃ 이하에서 냉장 보관 • 저온 보존이 부적절한 김밥 같은 식품은 조리 후 바로 섭취
여시니아 엔테로 콜리티카	• 증상 – 설사형 : 복통, 설사 – 구토형 : 구토, 메스꺼움 • 잠복기 : 24~48시간	가축, 토양, 물	오물, 오염된 물, 돼지고기, 양고기, 쇠고기, 생우유, 아이스크림 등	• 돈육 취급 시 조리기구와 손의 세척 및 소독을 철저히 함 • 저온 생육이 가능한 균이므로 냉장 및 냉동육과 그 제품의 유통 과정상에 주의

㉡ 바이러스성 식중독

원인균	증상 및 잠복기	원인	원인 식품	예방법
노로 바이러스	• 증상 : 바이러스성 장염, 메스꺼움, 설사, 복통, 구토 • 어린이, 노인과 면역력이 약한 사람에게는 탈수 증상 발생 • 잠복기 : 1~2일	• 사람의 분변, 구토물 • 오염된 물	• 샌드위치, 제빵류, 샐러드 등의 즉석조리식품(Ready-to-eat Food) • 케이크 아이싱, 샐러드 드레싱 • 오염된 물에서 채취된 패류(특히 굴)	• 철저한 개인 위생관리 • 인증된 유통업자 및 상점에서의 수산물 구입
로타 바이러스	• 증상 : 구토, 묽은 설사, 영유아에게 감염되어 설사의 원인이 됨 • 잠복기 : 1~3일	• 사람의 분변과 입으로 감염 • 오염된 물	• 물과 얼음 • 즉석조리식품 • 생채소나 과일	• 철저한 개인 위생관리 • 교차오염 주의 • 충분한 가열

③ 식중독 예방 3대 요령

㉠ 손 씻기 : 비누 등의 세정제를 사용하여 손가락 사이, 손등까지 골고루 흐르는 물로 30초 이상 씻는다.

㉡ 익혀 먹기 : 음식물은 중심부 온도가 85℃, 1분 이상 조리하여 속까지 충분히 익혀 먹는다.

㉢ 끓여 먹기 : 물은 끓여서 먹는다.

④ 식중독 예방 관리 : 개인 위생관리, 교차오염 예방, 주변 환경관리, 위생교육 및 훈련 실시

⑤ 식중독 발생 시 조치 방법

㉠ 현장 조치

- 건강진단 미실시자, 질병에 걸린 환자 조리 업무 중지
- 영업 중단
- 오염 시설 사용 중지 및 현장 보존

㉡ 후속 조치

- 질병에 걸린 환자 치료 및 휴무 조치
- 추가 환자 정보 제공
- 시설 개선 즉시 조치
- 전처리, 조리, 보관, 해동 관리 철저

㉢ 사후 예방

- 작업 전 종사자의 건강상태 확인
- 주기적인 종사자 건강진단 실시
- 위생교육 및 훈련 강화
- 조리 위생수칙 준수
- 시설, 기구 등 주기적인 위생상태 확인

더THE 알아보기

식중독 사고 위기 대응 단계(4단계)

- 관심(Blue) 단계
  - 소규모 식중독이 다수 발생하거나 식중독 확산 우려가 있는 경우
  - 특정 시설에서 연속 혹은 간헐적으로 5건 이상 또는 50인 이상의 식중독 환자가 발생하는 경우
  - 신속한 식중독 원인 조사 실시, 발생 업소 소독 및 추가 환자 발생 여부 모니터링
  - 감염원, 감염 경로 조사 분석, 식중독 발생 확산 여부 검토 및 대응, 식품의약품안전처 원인 조사반 출동
- 주의(Yellow) 단계
  - 여러 시설에서 동시다발적으로 환자가 발생할 우려가 높거나 발생하는 경우
  - 동일한 식재료 업체나 위탁 급식업체가 납품·운영하는 여러 급식소에서 환자가 동시 발생
  - 위기대책본부 가동, 식중독 '주의' 경보 발령, 급식 위생관리 강화, 의심 식자재 사용 자제 요청, 추적 조사, 조사 진행사항 및 예방수칙 등 언론 보도
- 경계(Orange) 단계
  - 전국에서 동시에 원인 불명의 식중독 확산
  - 특정 시설에서 전체 급식 인원의 50% 이상 환자 발생
  - 대국민 식중독 '경계' 경보 발령, 의심 식자재 잠정 사용 중단 조치, 관계 기관 대응 조치 강화 및 홍보
- 심각(Red) 단계
  - 식품 테러, 천재지변 등으로 대규모 환자 또는 사망자 발생
  - 독극물 등 식품 테러로 인한 식재료 오염으로 대규모 환자나 사망자가 발생할 우려가 있는 경우
  - 대국민 식중독 '심각' 경보 발령, 의심 식재료 회수 폐기, 관계 기관 위기 대응, 긴급 구호물자 공급 등

[경구감염병]

① 감염자의 분변이나 구토물이 감염원이 되어 식품이나 식수를 통해 전염되는 질병이다.

② 동일한 물을 많은 사람들이 함께 사용하므로(음용수) 환자 발생이 폭발적으로 유행할 수 있다.

③ 음용수 사용을 관리하여 감염병을 예방할 수 있다.

④ 치명률이 낮고 2차 감염 발생이 높다.

⑤ 장티푸스, 세균성 이질, 파라티푸스, 콜레라, 아메바성 이질, 유행성 간염, 소아마비 등이 있다.

[작업환경 위생안전관리 지침서의 내용]

① 작업장 주변 관리

② 작업장 및 매장의 온·습도 관리

③ 화장실 및 탈의실 관리

④ 방충・방서 관리

⑤ 전기・가스・조명 관리

⑥ 폐기물 및 폐수 처리시설 관리

⑦ 시설・설비 위생관리

[작업장 위생안전관리]

① 작업장

㉠ 내수성, 내열성, 내약품성, 항균성, 내부식성 등이 있으며 세척, 소독이 용이해야 한다.

㉡ 틈, 구멍이 발생되지 않도록 관리한다.

㉢ 필요한 경우를 제외하고 마른 상태를 유지한다.

㉣ 배수로를 통한 교차오염 및 안전사고 예방을 위해 덮개를 설치한다.

② 바닥, 벽, 천장

㉠ 내구성 및 내구성이 있으며, 평활하고 세정이 용이해야 한다.

㉡ 바닥, 벽, 천장의 이음새에 틈이 없고, 바닥의 모서리는 구배를 주어야 한다.

③ 환기시설 : 오염된 공기(수증기, 먼지, 악취, 유해가스 등)는 환기시설로 배출시켜야 한다.

④ 방충・방서 관리

㉠ 해충이 침입하지 못하도록 출입문, 창문, 벽, 천장 등에 방충망을 설치한다.

㉡ 작업장 내부에는 트랩 등을 설치하고, 작업장 및 작업장 주변에 대한 방역을 실시한다.

[미생물의 종류]

① 세균(Bacteria) : 구균, 간균, 나선균의 형태로 나누며 이분법으로 증식한다.

② 곰팡이(Mold) : 진균류 중에서 균사체를 발육기관으로 하는 것으로 포자법으로 증식하며, 발효식품이나 항생물질에 이용된다.

③ 효모(Yeast) : 빵, 맥주 등을 만드는 데 사용되는 미생물로 곰팡이와 세균의 중간 크기이며, 출아법으로 증식한다.

④ 리케차(Rickettsia) : 세균과 바이러스의 중간에 속하며 이분법으로 증식하고, 살아있는 세포에서만 번식한다.

⑤ 스피로헤타(Spirochaeta) : 단세포 식물과 다세포 식물의 중간으로 나선상의 미생물이다.

[미생물 생육 조건]

① 영양소 : 질소원(아미노산, 무기질소), 탄소원(당질), 미량원소(무기염류, 비타민 등)와 같은 영양소는 미생물 발육과 증식에 필요하다.

② 수분 : 적절한 수분 함량은 미생물이 살아가는 데 있어 중요하며, 미생물의 종류에 따라 수분 필요량이 다르다.

㉠ 자유수와 결합수

자유수	결합수
• 100℃에서 끓고, 0℃에서 어는 특징이 있다. • 식품에서 쉽게 제거하여 건조시킬 수 있다. • 미생물의 증식, 가수분해 반응 등에 자유롭게 사용된다. • 표면장력과 점성이 높다. • 수용성 전해질을 녹이는 용매 역할을 한다.	• 0℃ 이하에서도 잘 얼지 않는다. • 여러 이온기가 결합되어 있어 100℃에서도 잘 제거되지 않는다. • 미생물의 증식, 생육과 효소 반응 등에 사용되지 못한다. • 수용성 물질의 용매로 작용하지 못한다. • 식품 조직 내에 존재할 경우 압력을 가해도 제거하지 못한다.

㉡ 수분활성도(Aw)

- 미생물이 이용 가능한 자유수를 나타내는 지표
- 세균(0.9) > 효모(0.8) > 곰팡이(0.6)에서 생육 가능

③ 온도 : 균의 종류에 따라 발육 온도가 다르다.

균의 종류	발육 가능 온도
저온균	0~25℃(최적 온도 15~20℃)
중온균	15~55℃(최적 온도 25~37℃)
고온균	40~70℃(최적 온도 50~60℃)

④ 수소이온농도(pH)

㉠ 물질의 산성, 알칼리성 정도를 나타내는 수치로, 수소이온 활동의 척도이다.

㉡ 곰팡이는 pH 2.0~8.5, 효모는 pH 4.5~8.5의 산성 영역에서, 세균은 pH 6.5~7.5의 중성 또는 약알칼리성에서 잘 발육한다.

⑤ 산소 : 미생물 생육에 산소를 필요로 하는 것과 필요하지 않은 경우가 있다.

균의 종류	조건
편성 호기성 세균	반드시 산소가 있어야 발육할 수 있다.
통성 호기성 세균	호기적 조건과 혐기적 조건에서 모두 발육이 가능하다.
편성 혐기성 세균	산소가 있으면 발육에 장해를 받는다.
통성 혐기성 세균	산소가 있어도 이용하지 않는다.

[기기 위생관리]

① 기기 관리

㉠ 보유하고 있는 기기에 대한 관리 사항과 기기에 대한 세부 내역을 기록하여 관리한다.

㉡ 기기의 품명, 용도, 제작 일자와 구입한 날짜, 제작 회사, 작동 방법, 관리 방법, A/S, 기기 성능 등의 사항을 기록하여 관리한다.

② 기기 세척 관리

㉠ 세척은 기구 및 용기의 표면을 세제를 사용하여 때와 음식물을 제거하는 작업 과정이다.

㉡ 세제 사용 시 세제의 용도, 효율성과 안전성을 고려하여 구입하고, 사용 방법을 숙지하여 사용한다.

㉢ 세제를 임의대로 섞어 사용하지 않도록 하고, 안전한 장소에 식품과 구분하여 보관한다.

㉣ 세제의 종류 및 용도

종류	용도
일반 세제(비누, 합성 세제)	거의 모든 용도의 세척
솔벤트	가스레인지 등의 음식이 직접 닿지 않는 곳의 묵은 때 제거
산성 세제	세척기의 광물질, 세척 찌꺼기 제거
연마제	바닥, 천장 등의 청소

③ 소독

㉠ 기구, 용기 및 음식 등에 존재하는 미생물을 안전한 수준으로 감소시키는 과정이다.

㉡ 소독액은 사용 방법을 숙지하여 사용하고, 미리 만들어 놓으면 효과가 떨어지므로 하루에 한 차례 이상 제조한다.

㉢ 자외선 소독기는 자외선이 닿는 면만 균이 죽을 수 있으므로 칼의 아랫면, 컵의 겹쳐진 부분과 안쪽은 전혀 살균이 되지 않는다.

㉣ 자외선 살균기 내・외부는 이물 등이 제거되어 있어야 하고, 소독기 내 기구들이 겹침 없이 관리되어야 한다.

[소독의 종류 및 방법]

종류	대상	방법
열탕 소독	식기, 행주	100℃, 5분 이상 가열
증기 소독	식기, 행주	• 100~120℃, 10분 이상 처리 • 금속제 : 100℃, 5분 • 사기류 : 80℃, 1분 • 천류 : 70℃, 25분 또는 95℃, 10분
건열 소독	스테인리스 스틸 식기	160~180℃, 30~45분
자외선 소독	소도구, 용기류	2,537Å, 30~60분 조사
화학 소독제	작업대, 기기, 도마, 과일, 채소	세제가 잔류하지 않도록 음용수로 깨끗이 씻음
염소 소독	생과일, 채소	100ppm, 5~10분 침지
	발판 소독	100ppm 이상
	용기 등의 식품 접촉면	100ppm, 1분간
아이오딘(요오드)액	기구, 용기	pH 5 이하, 실온, 25ppm, 최소 1분간 침지
알코올	손, 용기 등 표면	70% 에틸알코올을 분무하여 건조

더THE 알아보기

희석 농도 계산

$$\text{희석 농도(ppm)} = \frac{\text{소독액의 양(mL)}}{\text{물의 양(mL)}} \times \text{유효 잔류 염소 농도(\%)}$$

예 물 2L에 락스를 넣어 100ppm의 소독액을 만들려면 락스가 얼마나 필요한가?(단, 락스의 유효 잔류 염소 농도는 4%, 1% = 10,000ppm이다)

$$100(\text{ppm}) = \frac{x(\text{mL})}{2{,}000(\text{mL})} \times 4 \times 10{,}000(\text{ppm})$$

$\therefore x = 5\text{mL}$

100ppm의 소독액을 만들기 위해 필요한 락스는 5mL이다.

[식품위생법의 목적 및 정의]

① 식품위생법의 목적(법 제1조) : 식품으로 인하여 생기는 위생상의 위해(危害)를 방지하고 식품영양의 질적 향상을 도모하며 식품에 관한 올바른 정보를 제공함으로써 국민 건강의 보호・증진에 이바지함을 목적으로 한다.

② 식품위생의 정의(법 제2조)

㉠ “식품”이란 모든 음식물(의약으로 섭취하는 것은 제외)을 말한다.

㉡ “식품첨가물”이란 식품을 제조・가공・조리 또는 보존하는 과정에서 감미(甘味), 착색(着色), 표백(漂白) 또는 산화방지 등을 목적으로 식품에 사용되는 물질을 말한다. 이 경우 기구(器具)・용기・포장을 살균・소독하는 데에 사용되어 간접적으로 식품으로 옮아갈

수 있는 물질을 포함한다.

㉢ "화학적 합성품"이란 화학적 수단으로 원소(元素) 또는 화합물에 분해 반응 외의 화학 반응을 일으켜서 얻은 물질을 말한다.

㉣ "기구"란 다음의 어느 하나에 해당하는 것으로서 식품 또는 식품첨가물에 직접 닿는 기계・기구나 그 밖의 물건(농업과 수산업에서 식품을 채취하는 데에 쓰는 기계・기구나 그 밖의 물건 및 위생용품은 제외)을 말한다.

- 음식을 먹을 때 사용하거나 담는 것
- 식품 또는 식품첨가물을 채취・제조・가공・조리・저장・소분[(小分) : 완제품을 나누어 유통을 목적으로 재포장하는 것을 말함]・운반・진열할 때 사용하는 것

㉤ "용기・포장"이란 식품 또는 식품첨가물을 넣거나 싸는 것으로서 식품 또는 식품첨가물을 주고받을 때 함께 건네는 물품을 말한다.

㉥ "위해"란 식품, 식품첨가물, 기구 또는 용기・포장에 존재하는 위험요소로서 인체의 건강을 해치거나 해칠 우려가 있는 것을 말한다.

㉦ "영업"이란 식품 또는 식품첨가물을 채취・제조・가공・조리・저장・소분・운반 또는 판매하거나 기구 또는 용기・포장을 제조・운반・판매하는 업(농업과 수산업에 속하는 식품채취업은 제외. 이하 "식품제조업 등"이라 함)을 말한다. 이 경우 공유주방을 운영하는 업과 공유주방에서 식품제조업 등을 영위하는 업을 포함한다.

㉧ "영업자"란 영업허가를 받은 자나 영업신고를 한 자 또는 영업등록을 한 자를 말한다.

㉨ "식품위생"이란 식품, 식품첨가물, 기구 또는 용기・포장을 대상으로 하는 음식에 관한 위생을 말한다.

㉩ "집단급식소"란 영리를 목적으로 하지 아니하면서 특정 다수인에게 계속하여 음식물을 공급하는 다음의 어느 하나에 해당하는 곳의 급식시설로서 대통령령으로 정하는 시설을 말한다.

- 기숙사
- 학교, 유치원, 어린이집
- 병원
- 사회복지시설
- 산업체
- 국가, 지방자치단체 및 공공기관
- 그 밖의 후생기관 등

㉪ "식품이력추적관리"란 식품을 제조・가공단계부터 판매단계까지 각 단계별로 정보를 기록・관리하여 그 식품의 안전성 등에 문제가 발생할 경우 그 식품을 추적하여 원인을 규명하고 필요한 조치를 할 수 있도록 관리하는 것을 말한다.

ⓔ “식중독”이란 식품 섭취로 인하여 인체에 유해한 미생물 또는 유독물질에 의하여 발생하였거나 발생한 것으로 판단되는 감염성 질환 또는 독소형 질환을 말한다.

ⓕ “집단급식소에서의 식단”이란 급식대상 집단의 영양섭취기준에 따라 음식명, 식재료, 영양성분, 조리 방법, 조리인력 등을 고려하여 작성한 급식계획서를 말한다.

[식품 또는 식품첨가물에 관한 기준 및 규격]

① 위해식품 등의 판매 등 금지(법 제4조) : 누구든지 다음의 어느 하나에 해당하는 식품 등을 판매하거나 판매할 목적으로 채취·제조·수입·가공·사용·조리·저장·소분·운반 또는 진열하여서는 아니 된다.

㉠ 썩거나 상하거나 설익어서 인체의 건강을 해칠 우려가 있는 것

㉡ 유독·유해물질이 들어 있거나 묻어 있는 것 또는 그러할 염려가 있는 것. 다만, 식품의약품안전처장이 인체의 건강을 해칠 우려가 없다고 인정하는 것은 제외한다.

㉢ 병(病)을 일으키는 미생물에 오염되었거나 그러할 염려가 있어 인체의 건강을 해칠 우려가 있는 것

㉣ 불결하거나 다른 물질이 섞이거나 첨가(添加)된 것 또는 그 밖의 사유로 인체의 건강을 해칠 우려가 있는 것

㉤ 안전성 심사 대상인 농·축·수산물 등 가운데 안전성 심사를 받지 아니하였거나 안전성 심사에서 식용(食用)으로 부적합하다고 인정된 것

㉥ 수입이 금지된 것 또는 수입신고를 하지 아니하고 수입한 것

㉦ 영업자가 아닌 자가 제조·가공·소분한 것

② 병든 동물 고기 등의 판매 등 금지(법 제5조) : 누구든지 총리령으로 정하는 질병에 걸렸거나 걸렸을 염려가 있는 동물이나 그 질병에 걸려 죽은 동물의 고기·뼈·젖·장기 또는 혈액을 식품으로 판매하거나 판매할 목적으로 채취·수입·가공·사용·조리·저장·소분 또는 운반하거나 진열하여서는 아니 된다.

③ 기준·규격이 정하여지지 아니한 화학적 합성품 등의 판매 등 금지(법 제6조) : 누구든지 다음의 어느 하나에 해당하는 행위를 하여서는 아니 된다.

㉠ 기준·규격이 정하여지지 아니한 화학적 합성품인 첨가물과 이를 함유한 물질을 식품첨가물로 사용하는 행위

㉡ 기준·규격이 정하여지지 아니한 식품첨가물이 함유된 식품을 판매하거나 판매할 목적으로 제조·수입·가공·사용·조리·저장·소분·운반 또는 진열하는 행위

④ 식품 또는 식품첨가물에 관한 기준 및 규격(법 제7조)

㉠ 식품의약품안전처장은 국민 건강을 보호·증진하기 위하여 필요하면 판매를 목적으로 하는 식품 또는 식품첨가물에 관한 다음의 사항을 정하여 고시한다.
- 제조·가공·사용·조리·보존 방법에 관한 기준
- 성분에 관한 규격

㉡ 식품의약품안전처장은 ㉠에 따라 기준과 규격이 고시되지 아니한 식품 또는 식품첨가물의 기준과 규격을 인정받으려는 자에게 ㉠의 사항을 제출하게 하여 식품의약품안전처장이 지정한 식품전문 시험·검사기관 또는 총리령으로 정하는 시험·검사기관의 검토를 거쳐 ㉠에 따른 기준과 규격이 고시될 때까지 그 식품 또는 식품첨가물의 기준과 규격으로 인정할 수 있다.

㉢ 수출할 식품 또는 식품첨가물의 기준과 규격은 ㉠ 및 ㉡에도 불구하고 수입자가 요구하는 기준과 규격을 따를 수 있다.

㉣ 기준과 규격이 정하여진 식품 또는 식품첨가물은 그 기준에 따라 제조·수입·가공·사용·조리·보존하여야 하며, 그 기준과 규격에 맞지 아니하는 식품 또는 식품첨가물은 판매하거나 판매할 목적으로 제조·수입·가공·사용·조리·저장·소분·운반·보존 또는 진열하여서는 아니 된다.

⑤ 권장규격(법 제7조의2제1항) : 식품의약품안전처장은 판매를 목적으로 하는 기준 및 규격이 설정되지 아니한 식품 등이 국민 건강에 위해를 미칠 우려가 있어 예방조치가 필요하다고 인정하는 경우에는 그 기준 및 규격이 설정될 때까지 위해 우려가 있는 성분 등의 안전관리를 권장하기 위한 규격을 정할 수 있다.

[기구와 용기·포장]

① 유독기구 등의 판매·사용 금지(법 제8조) : 유독·유해물질이 들어 있거나 묻어 있어 인체의 건강을 해칠 우려가 있는 기구 및 용기·포장과 식품 또는 식품첨가물에 직접 닿으면 해로운 영향을 끼쳐 인체의 건강을 해칠 우려가 있는 기구 및 용기·포장을 판매하거나 판매할 목적으로 제조·수입·저장·운반·진열하거나 영업에 사용하여서는 아니 된다.

② 기구 및 용기·포장에 관한 기준 및 규격(법 제9조)

㉠ 식품의약품안전처장은 국민보건을 위하여 필요한 경우에는 판매하거나 영업에 사용하는 기구 및 용기·포장에 관하여 다음의 사항을 정하여 고시한다.
- 제조 방법에 관한 기준
- 기구 및 용기·포장과 그 원재료에 관한 규격

㉡ 식품의약품안전처장은 ㉠에 따라 기준과 규격이 고시되지 아니한 기구 및 용기·포장의 기준과 규격을 인정받으려는 자에게 ㉠의 사항을 제출하게 하여 식품의약품안전처장이 지정한 식품전문 시험·검사기관 또는 총리령으로 정하는 시험·검사기관의 검토를 거쳐 기준과 규격이 고시될 때까지 해당 기구 및 용기·포장의 기준과 규격으로 인정할 수 있다.

㉢ 수출할 기구 및 용기·포장과 그 원재료에 관한 기준과 규격은 ㉠ 및 ㉡에도 불구하고 수입자가 요구하는 기준과 규격을 따를 수 있다.

㉣ 기준과 규격이 정하여진 기구 및 용기·포장은 그 기준에 따라 제조하여야 하며, 그 기준과 규격에 맞지 아니한 기구 및 용기·포장은 판매하거나 판매할 목적으로 제조·수입·저장·운반·진열하거나 영업에 사용하여서는 아니 된다.

[식품 등의 공전]

① 식품 등의 공전(법 제14조) : 식품의약품안전처장은 다음의 기준 등을 실은 식품 등의 공전을 작성·보급하여야 한다.

㉠ 식품 또는 식품첨가물의 기준과 규격

㉡ 기구 및 용기·포장의 기준과 규격

② 식품위생감시원(법 제32조)

㉠ 관계 공무원의 직무와 그 밖에 식품위생에 관한 지도 등을 하기 위하여 식품의약품안전처(대통령령으로 정하는 그 소속 기관을 포함), 특별시·광역시·특별자치시·도·특별자치도(이하 "시·도"라 함) 또는 시·군·구(자치구를 말함)에 식품위생감시원을 둔다.

㉡ 식품위생감시원의 자격·임명·직무범위, 그 밖에 필요한 사항은 대통령령으로 정한다.

[영업]

① 시설기준(법 제36조)

㉠ 다음의 영업을 하려는 자는 총리령으로 정하는 시설기준에 맞는 시설을 갖추어야 한다.

- 식품 또는 식품첨가물의 제조업, 가공업, 운반업, 판매업 및 보존업
- 기구 또는 용기·포장의 제조업
- 식품접객업
- 공유주방 운영업(여러 영업자가 함께 사용하는 공유주방을 운영하는 경우로 한정)

㉡ ㉠에 따른 시설은 영업을 하려는 자별로 구분되어야 한다. 다만, 공유주방을 운영하는 경우에는 그러하지 아니하다.

㉢ ㉠에 따른 영업의 세부 종류와 그 범위는 대통령령으로 정한다.

② 건강진단(법 제40조)

㉠ 총리령으로 정하는 영업자 및 그 종업원은 건강진단을 받아야 한다. 다만, 다른 법령에 따라 같은 내용의 건강진단을 받는 경우에는 이 법에 따른 건강진단을 받은 것으로 본다.

㉡ 건강진단을 받은 결과 타인에게 위해를 끼칠 우려가 있는 질병이 있다고 인정된 자는 그 영업에 종사하지 못한다.

㉢ 영업자는 건강진단을 받지 아니한 자나 건강진단 결과 타인에게 위해를 끼칠 우려가 있는 질병이 있는 자를 그 영업에 종사시키지 못한다.

㉣ 건강진단의 실시 방법 등과 타인에게 위해를 끼칠 우려가 있는 질병의 종류는 총리령으로 정한다.

③ 식품위생교육(법 제41조)

㉠ 대통령령으로 정하는 영업자 및 유흥종사자를 둘 수 있는 식품접객업 영업자의 종업원은 매년 식품위생에 관한 교육(이하 "식품위생교육"이라 함)을 받아야 한다.

㉡ ①에 따른 영업을 하려는 자는 미리 식품위생교육을 받아야 한다. 다만, 부득이한 사유로 미리 식품위생교육을 받을 수 없는 경우에는 영업을 시작한 뒤에 식품의약품안전처장이 정하는 바에 따라 식품위생교육을 받을 수 있다.

㉢ 교육을 받아야 하는 자가 영업에 직접 종사하지 아니하거나 두 곳 이상의 장소에서 영업을 하는 경우에는 종업원 중에서 식품위생에 관한 책임자를 지정하여 영업자 대신 교육을 받게 할 수 있다. 다만, 집단급식소에 종사하는 조리사 및 영양사가 식품위생에 관한 책임자로 지정되어 교육을 받은 경우에는 해당 연도의 식품위생교육을 받은 것으로 본다.

㉣ ㉡에도 불구하고 다음의 어느 하나에 해당하는 면허를 받은 자가 식품접객업을 하려는 경우에는 식품위생교육을 받지 아니하여도 된다.

- 법 제53조에 따른 조리사 면허
- 「국민영양관리법」 제15조에 따른 영양사 면허
- 「공중위생관리법」 제6조의2에 따른 위생사 면허

㉤ 영업자는 특별한 사유가 없는 한 식품위생교육을 받지 아니한 자를 그 영업에 종사하게 하여서는 아니 된다.

㉥ 식품위생교육은 집합교육 또는 정보통신매체를 이용한 원격교육으로 실시한다. 다만, 영업을 하려는 자가 미리 받아야 하는 식품위생교육은 집합교육으로 실시한다.

㉦ 식품위생교육을 받기 어려운 도서・벽지 등의 영업자 및 종업원인 경우 또는 식품의약품안전처장이 감염병이 유행하여 국민건강을 해칠 우려가 있다고 인정하는 경우 등 불가피한 사유가 있는 경우에는 총리령으로 정하는 바에 따라 식품위생교육을 실시할 수 있다.

ⓞ 교육의 내용, 교육비 및 교육 실시기관 등에 관하여 필요한 사항은 총리령으로 정한다.

④ 위해식품 등의 회수(법 제45조)

㉠ 판매의 목적으로 식품 등을 제조・가공・소분・수입 또는 판매한 영업자(수입식품 등 수입・판매업자를 포함)는 해당 식품 등이 법 제4조부터 제6조까지, 제7조 제4항, 제8조, 제9조 제4항, 제9조의3 또는 제12조의2 제2항을 위반한 사실(식품 등의 위해와 관련이 없는 위반사항을 제외)을 알게 된 경우에는 지체 없이 유통 중인 해당 식품 등을 회수하거나 회수하는 데에 필요한 조치를 하여야 한다. 이 경우 영업자는 회수계획을 식품의약품안전처장, 시・도지사 또는 시장・군수・구청장에게 미리 보고하여야 하며, 회수결과를 보고받은 시・도지사 또는 시장・군수・구청장은 이를 지체 없이 식품의약품안전처장에게 보고하여야 한다. 다만, 해당 식품 등이 수입한 식품 등이고, 보고의무자가 해당 식품 등을 수입한 자인 경우에는 식품의약품안전처장에게 보고하여야 한다.

㉡ 식품의약품안전처장, 시・도지사 또는 시장・군수・구청장은 회수에 필요한 조치를 성실히 이행한 영업자에 대하여 해당 식품 등으로 인하여 받게 되는 행정처분을 대통령령으로 정하는 바에 따라 감면할 수 있다.

㉢ 회수대상 식품 등・회수계획・회수절차 및 회수결과 보고 등에 관하여 필요한 사항은 총리령으로 정한다.

[시정명령과 허가취소 등 행정제재]

① 시정명령(법 제71조)

㉠ 식품의약품안전처장, 시・도지사 또는 시장・군수・구청장은 식품 등의 위생적 취급에 관한 기준에 맞지 아니하게 영업하는 자와 이 법을 지키지 아니하는 자에게는 필요한 시정을 명하여야 한다.

㉡ 식품의약품안전처장, 시・도지사 또는 시장・군수・구청장은 시정명령을 한 경우에는 그 영업을 관할하는 관서의 장에게 그 내용을 통보하여 시정명령이 이행되도록 협조를 요청할 수 있다.

㉢ ㉡에 따라 요청을 받은 관계 기관의 장은 정당한 사유가 없으면 이에 응하여야 하며, 그 조치결과를 지체 없이 요청한 기관의 장에게 통보하여야 한다.

② 폐기처분 등(법 제72조)

㉠ 식품의약품안전처장, 시・도지사 또는 시장・군수・구청장은 영업자가 법 제4조부터 제6조까지, 제7조 제4항, 제8조, 제9조 제4항, 제9조의3, 제12조의2 제2항 또는 제44조 제1항 제3호를 위반한 경우에는 관계 공무원에게 그 식품 등을 압류 또는 폐기하게 하거나 용도・처리 방법 등을 정하여 영업자에게 위해를 없애는 조치를 하도록 명하여야 한다.

ⓛ 식품의약품안전처장, 시・도지사 또는 시장・군수・구청장은 법 제37조 제1항, 제4항 또는 제5항을 위반하여 허가받지 아니하거나 신고 또는 등록하지 아니하고 제조・가공・조리한 식품 또는 식품첨가물이나 여기에 사용한 기구 또는 용기・포장 등을 관계 공무원에게 압류하거나 폐기하게 할 수 있다.

ⓒ 식품의약품안전처장, 시・도지사 또는 시장・군수・구청장은 식품위생상의 위해가 발생하였거나 발생할 우려가 있는 경우에는 영업자에게 유통 중인 해당 식품 등을 회수・폐기하게 하거나 해당 식품 등의 원료, 제조 방법, 성분 또는 그 배합 비율을 변경할 것을 명할 수 있다.

ⓓ ㉠ 및 ⓛ에 따른 압류나 폐기를 하는 공무원은 그 권한을 표시하는 증표 및 조사기간, 조사범위, 조사담당자, 관계 법령 등 대통령령으로 정하는 사항이 기재된 서류를 지니고 이를 관계인에게 내보여야 한다.

ⓔ ㉠ 및 ⓛ에 따른 압류 또는 폐기에 필요한 사항과 회수・폐기 대상 식품 등의 기준 등은 총리령으로 정한다.

ⓗ 식품의약품안전처장, 시・도지사 및 시장・군수・구청장은 폐기처분명령을 받은 자가 그 명령을 이행하지 아니하는 경우에는 「행정대집행법」에 따라 대집행을 하고 그 비용을 명령위반자로부터 징수할 수 있다.

제 3 절 빵류 제품 품질관리

[품질관리 기법]

① ISO(International Organization for Standardization)

㉠ ISO : 국제표준화기구의 줄임말로 독립적이며, 세계에서 가장 큰 단체로서 품질, 안전, 효율 등을 보장하기 위해 제품, 서비스, 시스템에 대한 세계 최고의 규격을 제공한다.

㉡ ISO9001(품질경영 시스템) : 고객의 니즈(요구)와 기대를 충족시키기 위해 설정한 품질 목표와 관련하여 결과의 성취에 초점을 맞추는 조직경영 시스템을 지속적으로 개선해 나갈 수 있도록 구축하고, 이를 공인된 인증기관의 심사를 통하여 생산・공급하는 품질경영 시스템을 인증받는 제도이다.

㉢ ISO22000(식품안전경영 시스템) : 식품 공급 사슬 내의 해당하는 모든 이해관계자가 산지에서 식탁까지 식품의 모든 취급 단계에서 발생할 수 있는 위해요소를 효과적으로 관리하여 식품안전 달성을 목적으로 적용할 수 있도록 HACCP 원칙과 ISO의 경영 시스템을 적절히 조합한 규격이다.

② HACCP(Hazard Analysis and Critical Control Point)

㉠ 식품 위해요소 중점관리기준이라고 한다.

㉡ 식품의 안정성 확보를 위한 시스템으로 원료와 공정에서 발생 가능한 생물학적, 화학적, 물리적 위해요소를 분석하여 이를 예방, 제거 또는 허용 수준 이하로 감소시킬 수 있는 공정이나 단계를 말한다.

㉢ 기존에는 최종 제품에 대한 무작위 검사로 위생관리가 이루어졌으나, HACCP은 중요관리점에 위해 발생 우려를 사전에 제어하여 최종 제품에 잠재적 위해 우려를 제거하는 차이가 있다.

㉣ HACCP의 12단계 7원칙

단계	절차	설명	비고
1	HACCP팀 구성	HACCP을 진행할 팀을 설정하고, 수행 업무와 담당을 기재한다.	준비 단계
2	제품 설명서 작성	생산하는 제품에 대해 설명서를 작성한다. 제품명, 제품 유형 및 성상, 제조 단위, 완제품 규격, 보관 및 유통 방법, 포장 방법, 표시 사항 등이 해당한다.	
3	용도 확인	예측 가능한 사용 방법과 범위 그리고 제품에 포함된 잠재성을 가진 위해물질에 민감한 대상 소비자를 파악하는 단계이다.	
4	공정 흐름도 작성	원료 입고에서부터 완제품의 출하까지 모든 공정 단계를 파악하여 흐름을 도식화한다.	
5	공정 흐름도 현장 확인	작성된 공정 흐름도가 현장과 일치하는지를 검증하는 단계이다.	
6	위해요소 분석	원료, 제조 공정 등에 대해 생물학적, 화학적, 물리적인 위해를 분석하는 단계이다.	원칙 1
7	중요관리점(CCP) 결정	HACCP을 적용하여 식품의 위해를 방지, 제거하거나 안전성을 확보할 수 있는 단계 또는 공정을 결정하는 단계이다.	원칙 2
8	중요관리점(CCP) 한계 기준 설정	결정된 중요관리점에서 위해를 방지하기 위해 한계 기준을 설정하는 단계로, 육안 관찰이나 측정으로 현장에서 쉽게 확인할 수 있는 수치 또는 특정 지표로 나타내어야 한다(온도, 시간, 습도).	원칙 3
9	중요관리점(CCP) 모니터링 체계 확립	중요관리점에 해당되는 공정이 한계 기준을 벗어나지 않고 안정적으로 운영되도록 관리하기 위하여 종업원 또는 기계적인 방법으로 수행하는 일련의 관찰 또는 측정할 수 있는 모니터링 방법을 설정한다.	원칙 4
10	개선 조치 및 방법 수립	모니터링에서 한계 기준을 벗어날 경우 취해야 할 개선 조치를 사전에 설정하여 신속하게 대응할 수 있도록 방안을 수립한다.	원칙 5
11	검증 절차 및 방법 수립	HACCP 시스템이 적절하게 운영되고 있는지를 확인하기 위한 검증 방법을 설정하는 것이다. 현재의 HACCP 시스템이 설정한 안전성 목표를 달성하는 데 효과적인지, 관리 계획대로 실행되는지, 관리 계획의 변경 필요성이 있는지 등이 이에 해당한다.	원칙 6
12	문서화 및 기록 유지	HACCP 체계를 문서화하는 효율적인 기록 유지 및 문서 관리 방법을 설정하는 것으로, 이전에 유지 관리하고 있는 기록을 우선 검토하여 현재의 작업 내용을 쉽게 통합한 가장 단순한 것으로 한다.	원칙 7

[품질 관리]

① 품질 관리란 소비자에게 제공하는 제품이나 서비스의 질을 높이기 위해 관리할 수 있도록 기준을 마련하여 지속적으로 점검하는 모든 제반 활동을 일컫는다.

② 품질을 관리하기 위해서는 크게 원료 관리, 공정 관리, 상품 관리의 세 가지 단계를 중점적으로 관리한다.

㉠ 원료 관리

[원료 관리의 흐름도]

- 원료의 구분 : 용도와 특성을 파악하기 위해 자주 사용하는 원료인지, 소비기한이 짧은 원료인지, 알레르기 성분이 함유된 원료인지 등 다양한 카테고리로 분류·관리한다.
- 원료 입고 및 선별 : 구매한 원료를 보관 창고에 입고하기 전에 유형에 맞는 기준을 바탕으로 선별하여 불량한 원고가 입고되는 것을 사전에 차단한다.
- 원료 보관 : 원료를 신선하게 보관하기 위해 입고 날짜와 보관 장소, 사용을 위해 출고된 정보가 포함된 이력카드를 작성한다. 모든 원료는 선입선출 원칙에 따라 먼저 입고된 원료 순서대로 출고시켜 사용하여 입출고 관리가 원활히 운용될 수 있도록 한다.

㉡ 공정 관리

- 설비 : 생산에 필요한 설비를 파악하고 관리 기준을 설정하도록 한다.
- 제조 공정도 : 원료 투입부터 제품 생산까지 각각의 공정을 순서대로 도식화한 자료이다. 작성할 때 최대한 전문가적인 지식 없이 누가 보더라도 이해할 수 있도록 간단명료하게 표현해야 한다. 제조 공정도에서의 품질 관리 대상은 투입되는 원료, 발효실·오븐의 위생관리, 냉각 설정 조건, 제품 중량, 제품 규격, 포장 상태 및 보관 조건이다.
- 제조 공정서 : 제품의 생산 흐름을 보여 주는 것이 제조 공정도라면 제품을 만드는 설명서와 같은 것은 제조 공정서이다. 생산 방법이 자세하게 기술되어 작업자가 활용할 수 있도록 정보를 제공한다. 제조 공정서에서의 품질 관리 대상은 반죽 온도, 반죽 방법, 발효, 굽기, 포장 방법이다.

[품질관리 기획서]

① **품질경영 방침** : 최고 경영자는 품질 방침에 조직의 목적, 품질경영 시스템의 효과성을 지속적으로 개선할 의지, 품질 목표의 수립 및 검토를 위한 틀 제공, 조직 내에서의 의사소통 등과 같은 내용이 포함되도록 설정해야 한다.

② **운영 계획**

㉠ 현장 경험이 풍부한 경험자에게 업무를 분장한다.
㉡ 품질 관리의 중요성에 대한 인식을 제고하기 위해 교육을 실시한다.
㉢ 반입되는 원료에 대한 철저한 사전 검사 및 반입 검사를 통해 소기의 품질을 확보한다.

③ 생산 현장 품질 관리

㉠ 조직은 하드웨어, 소프트웨어 등의 프로세스 장비 및 운송・통신・정보 시스템 등의 지원 서비스 등 제품의 요구사항에 대한 적합성을 달성하는 데 필요한 기반 구조를 결정하고 확보하여 제공 및 유지 관리해야 한다.

㉡ 업무를 수행하는 인원은 적절한 학력, 교육 훈련, 숙련도 및 경험 등의 요구에 맞아야 한다.

④ 품질 관리 개선 : 조직은 제품 요구사항의 적합성 실증, 품질경영 시스템의 적합성 보장 및 효과성의 지속적 개선에 필요한 프로세스를 계획하고 실행해야 한다.

[품질 관리 과정의 관찰 및 측정]

① 조직은 품질경영 시스템 운영에 대한 감시와 측정을 위하여 적합한 방법을 도입해야 한다. 이러한 목적으로 생산 현장에서는 품질 관리도를 작성하여 생산 공정의 상태와 품질의 평가를 확인할 수 있다.

② 일정한 생산 조건에서 작업한다 해도 몇몇 품질 특성치에는 반드시 어느 정도의 산포(변동)가 생기게 마련인데, 이러한 원인은 크게 두 가지(우연 원인, 이상 원인)로 나눌 수 있다.

㉠ 우연 원인 : 생산 과정에서 일상적으로 일어나고 있는 정상적 산포로서, 가공 조건이 잘 관리된 상태에서도 발생하는 불가피한 변동을 의미한다. 예를 들면 한 작업자가 같은 설비를 이용하여 같은 방법으로 동일한 제품을 만들더라도 제품의 특성치가 완전히 균일하게 나오지 않는 경우이다.

㉡ 이상 원인 : 일상적인 생산 과정과는 다른 특별한 이유가 있는 산포를 의미한다. 이상 원인의 원인은 불량원・부자재의 사용, 설비의 이상이나 고장, 작업자의 부주의, 측정 및 시험 오차 등을 들 수 있다.

[품질 개선]

① 품질 개선이란 현장에서 발생하는 문제를 확인하고 원인을 분석한 후 그에 대한 해결책을 찾고 추후에 발생하지 않도록 방안을 마련하는 것을 말한다.

㉠ 단순 개선 : 기본적인 인프라를 이용하여 손쉽게 개선이 가능한 부분들을 의미한다.

예 청소 도구를 위치에 맞게 정리 정돈하기, 바닥의 물기 제거하기, 공무팀에 의뢰하여 오작동한 설비를 유지・보수하기 등

㉡ 시스템 개선 : 개선했던 문제가 반복적으로 발생하여 불필요한 노력과 투자가 지속적으로 요구될 때 새로운 규정을 만들고 정기적인 교육을 실시하는 등 관리 시스템을 개선하는 것을 의미한다.

예 머리카락을 항상 제거하는 절차를 거치지만 생산된 제품에 빈번하게 머리카락이 발견되는 경우, 청소 도구를 쓰고 정리하지 않아 필요할 때 찾지 못해 작업장 위생이 청결하게 유지되지 않는 경우 등

② 품질 개선을 위한 원인 분석

㉠ 원료 문제 : 사용하던 원료에 문제가 발생하여 생산에 차질이 생기는 것을 의미한다. 원료 문제의 사례로는 다음과 같다.

- 입고될 당시에 부적합한 원료를 선별하지 못한 경우
- 보관 상태가 불량하여 변질된 원료를 사용한 경우
- 다른 원료를 넣어 제품 생산에 문제가 발생한 경우

㉡ 배합비 문제 : 제조 공정서상에 지시한 배합비와 원료를 다르게 투입하여 제조하였을 경우 발생하는 문제를 의미한다. 배합비 문제의 사례로는 다음과 같다.

- 배합용 급수를 적게 넣어 작업성이 떨어져 정형에 문제가 발생한 경우
- 강력분을 사용해야 하는데 박력분을 넣어 반죽 형성이 안 되는 경우

㉢ 공정상 문제 : 제조 공정서상에 정해 놓은 공정을 이행하지 않고 임의로 작업하게 되어 발생하는 문제들이다. 공정상 문제의 사례로는 다음과 같다.

- 믹싱 시간, 반죽 온도, 휴지 시간, 발효 시간 등과 같은 조건을 제대로 수행하지 않았을 경우

㉣ 설비 문제 : 제조를 위한 설비 관리를 평소에 잘못하여 파손되거나 오작동을 일으켜 제품 생산에 문제가 발생했을 때를 의미한다. 설비 문제의 사례로는 다음과 같다.

- 분할기는 항상 일정한 중량으로 반죽을 분할해야 하지만, 분할기 중의 칼날이나 이형유 분사기의 관리를 소홀히 하여 일정한 무게로 분할이 안 되는 경우

㉤ 작업자 문제

- 제품을 생산하는 작업자들의 부족한 숙련도나 부주의로 인해 문제가 발생했을 때를 의미한다.
- 작업자들이 제 역할을 충실히 수행하도록 하기 위해 정기적인 교육과 평가를 실시해야 한다.

[문제 발생 원인과 유형]

원인	유형
원료	• 입고 당시 부적합한 원료를 선별하지 못하였을 때 • 보관 상태가 불량하여 변질된 원료를 사용하였을 때
배합	• 실제 배합비와 다르게 원료를 투입하였을 때 • 사용하지 않는 원료를 넣었을 때
공정	제조 공정을 이행하지 않았을 때
설비	설비 관리를 제대로 하지 못하였을 때
교차오염	작업자의 실수로 제품에 교차오염이 발생하였을 때

CHAPTER

02 제과점 관리

제 1 절 빵류 제품 재료 구매관리

[구매]

① 구매의 정의 : 제품 생산에 필요한 원재료 등을 필요한 시기에 가능한 유리한 가격으로 적당한 공급자로부터 구입하기 위한 체계적인 방법을 말한다.

② 구매의 목표

㉠ 최고 품질의 제품을 생산하여 최대의 가치를 소비자에게 제공

㉡ 원·부재료의 품질을 결정하고 구매량 결정

㉢ 시장조사를 통해 유리한 조건으로 협상 가능한 공급업체 선정

㉣ 적절한 시기에 납품되도록 관리

㉤ 검수, 저장, 생산, 원가 관리 등을 통해 지속적인 구매 활동으로 이익 창출

③ 구매 담당자가 고려해야 할 사항

㉠ 구매 담당자는 상품의 특성과 저장 조건, 시장의 특성과 유통 경로, 계약 및 주문 관련 법규, 구매 경로 및 방법, 구매 의사 결정 방법 및 조직 내의 규정과 관련된 지식을 갖추어야 한다.

㉡ 구매자는 구매하고자 하는 물품의 품질, 수량, 시기, 가격, 공급원, 장소, 가치 등을 객관적으로 평가하는 능력을 갖추어야 한다.

④ 효율적인 구매 계획

㉠ 효율적인 구매 계획을 위해서는 우선 생산 계획에 기초하여 원·부재료의 소요량 및 현재 보유하고 있는 재고량을 파악하여 구매해야 한다.

㉡ 효율적인 구매 계획을 위한 고려 사항으로는 원·부재료의 검수 방법, 저장 장소, 저장 장치 또는 설비, 저장 능력 및 저장 방법 등을 표준화하고 매뉴얼화 할 필요가 있다.

[구매 계약의 유형]

① 경쟁 입찰 계약

㉠ 계약 내용을 공지하면 불특정 다수의 대상자가 가격 등 유리한 조건으로 제시한 업체와 계약을 체결하는 방법이다.

㉡ 공개적이기 때문에 새로운 거래처를 개발할 수도 있으며, 공평하고 경제적이며 합리적이라는 장점이 있다.

② 협의 계약

㉠ 납품받을 물품의 가격을 규격, 구매 단위, 납품 간격에 따라 탄력적으로 협의하여 계약을 체결하는 방법이다.

㉡ 신속하게 구매할 수 있다는 장점이 있다.

③ 수의 계약

㉠ 협의 계약과 마찬가지로 경쟁 방법을 거치지 않고 협의를 통해 계약 내용을 수행할 특정인과 거래를 체결하는 방법이다.

㉡ 구매 절차가 간편하고 거래의 신속성과 정확성을 보장받을 수 있으며, 거래처의 안전성과 신용 거래처로서의 선정이 용이하다는 장점이 있다.

[구매의 유형]

① 중앙 구매

㉠ 여러 지점에서 영업이 이루어지는 경우 본사에서 구매 전문 팀을 두고 중앙에서 일괄적으로 원료 및 부재료를 구매하는 방법을 중앙 구매라고 한다.

㉡ 구매 전문가에 의해 대량 구매로 비용 절감 효과가 있으며, 구매 조직의 집중도가 향상되어 거래처 관리가 용이하다.

㉢ 반면, 다양한 품목을 취급하기 때문에 구매 절차가 복잡하고 발주 후 검수, 입출고, 재고관리 등 장시간이 소요되며, 긴급 발주에 불리하다는 단점이 있다.

② 분산 구매

㉠ 각 지점이나 관련 부서에서 독립적으로 필요한 물품을 구매하는 방법이다.

㉡ 구매 절차가 간단하고 소품목 소량 단위로 신속한 구매가 가능하며 긴급 발주에 유리하다는 장점이 있다.

㉢ 경비와 구입 단가가 높아 비경제적이며 원거리에서 물품을 구입할 경우 비효율적이라는 단점이 있다.

③ 수시 구매 : 중앙 구매 및 분산 구매 등 모든 구매 행위에서 발생할 수 있으나, 자동 발주 시스템 또는 판매 및 생산 계획을 토대로 이루어지는 구매 행위 이외에 돌발 상황이나 긴급한 상황에서 일어나는 구매를 말한다.

④ 공동 구매

㉠ 공동 구매는 서로 다른 기업 또는 제과점들의 경영자나 책임자가 공동 목적으로 협력을 통해 단일 품목 또는 다품목을 구매하는 방법이다.

㉡ 일반적으로 협동조합이나 협회에서 단합하여 구매 행위가 일어나며 개별 단위의 구매 행위보다 구매 규모가 커지므로 원가 절감, 공급업체와의 협상에서 유리한 입장이 될 수 있다.

㉢ 공동 구매 참여 업체들의 구매 품목에 대한 규격과 상세 명세서를 참고하여 정확한 정보를 모두에게 제공하고 공동 구매 제품의 규격과 상세 명세서에 대해 모두 동의하에 공동 구매가 이루어져야 한다.

[구매 절차]

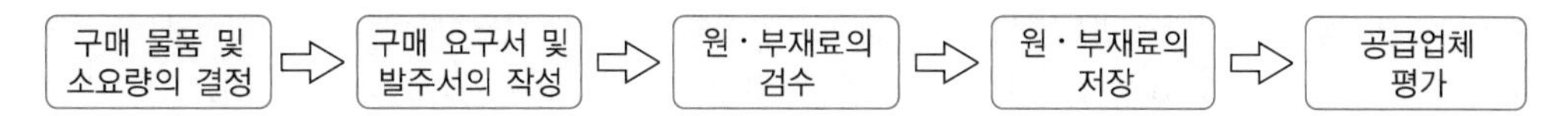

① 구매 물품 및 소요량의 결정

㉠ 생산 계획과 재고량을 파악하고 필요한 원·부재료 등을 일정 시점에 적절하게 확보할 수 있도록 구매 전 반드시 요청 부서에서 구매 부서로 요청한 원·부재료의 사양, 품질, 용도와 규격 등에 대해 충분히 협의한 후 구매해야 한다.

㉡ 구매 부서는 생산 부서, 창고 관리 부서 등과 긴밀한 협조에 의해 업무가 이루어져야 한다.

② 구매 요구서 및 발주서의 작성

㉠ 구매 요구서는 구매 부서에서 제공된 양식을 이용하여 구매 요청 부서에서 작성하여 구매 부서로 제출한다.

㉡ 필요한 원·부재료의 사양과 수량을 구매 부서로 청구하게 되면 제과점 또는 각 지점별로 취합하여 공급업체에게 발주하고 공급업체는 발주된 물품을 거래 명세서와 발주서를 함께 검수 장소에 제출하게 된다.

③ 원·부재료의 검수

㉠ 선정된 공급업체는 발주한 원·부재료를 납품 기일을 준수하여 납품하게 되며, 이때 검수 부서는 거래 명세서와 발주서의 일치 여부를 확인하고 검수할 물품과 대조하여 정확한 원·부재료가 입고되도록 검사한다.

㉡ 발주서와 거래 명세서상의 물품이나 수량의 차이가 발생할 경우 즉시 구매 부서 또는 요구 부서에 알린다.

④ 원·부재료의 저장

㉠ 검수가 끝난 원·부재료는 정해진 장소에 저장하고 선입선출에 의거하여 출고한다.

㉡ 모든 원·부재료는 입출고 시 재고 관리를 원활히 수행할 수 있도록 정확한 수량과 사용처를 기록한다.

⑤ **공급업체 평가** : 공급처에 대한 종합적인 평가, 즉 계획된 일정에 납품하는 여부, 정확한 발주량을 납품하는 경우 등을 지속적으로 평가하여 다음 거래가 원활히 이루어지도록 관리한다.

[검수 관리]

① **검수 관리의 정의** : 검수 관리는 납품된 원·부재료 또는 물품이 주문 내용(품질, 규격, 수량 등)과 일치하는지 확인, 검사하고 주문서의 주문 내용과의 일치 여부를 확인하는 것이다.

② **검수의 기능** : 검수의 기능으로는 원·부재료의 품질(크기, 중량, 선도 및 소비기한)과 수량을 검사하고 구매 명세서와 거래 명세서를 대조하여 물량 조달이 원활하도록 하는 기능과 원·부재료의 불량 등 반품 여부를 결정짓고 대금 지급 방법을 확인하는 기능이 있다.

③ 검수원

㉠ 검수원은 원·부재료에 관한 품목 규격서 및 품질 특성에 대한 전문적인 지식과 경험을 갖추어야 하며, 식품을 분석, 평가하는 능력을 겸비해야 한다.

㉡ 검수원은 구매 및 생산 업무를 파악하고 있어야 하며, 검수 절차 및 발주서, 거래 명세서 등 서류 관리 능력을 갖추어야 한다.

④ 검수에 필요한 구비 요건

㉠ 검수는 검수 장소와 창고와 같은 공간이 필요하며, 검수에 적당한 조명과 안전하고 위생적인 장소, 즉 상온보관 시설 및 냉장·냉동 시설이 필요하다.

㉡ 검수를 위한 설비 및 집·장비로는 기본적으로 급·배수 시설, 방충·방서 관리, 선반, 팔레트, 저울, 온도계와 계산기 등이 필요하다.

⑤ **검수 시 유의사항** : 검수는 납품되는 원·부재료의 검수 행위 이외에도 행정적인 서류 업무 또한 책임져야 한다. 매일 납품되는 원·부재료는 일일 보고서를 통해 기록하고, 납품 시 발생되는 모든 내용을 정확하게 기재해야 하며, 수시로 검수 절차와 검수 방법을 점검해야 한다.

[검수 방법]

① 전수 검수 방법

㉠ 납품되는 모든 원・부재료를 검사하는 방법이다.

㉡ 물량이 적거나 원가가 높은 원・부재료를 검수할 경우 사용하는 방법으로, 정확한 검사 방법이지만 시간과 비용이 많이 투입되는 단점이 있다.

② 발췌 검수 방법

㉠ 납품되는 원・부재료의 일부를 무작위로 선택하여 검사하는 방법이다.

㉡ 제분업체에서 밀과 같은 대량 구매인 경우 시간과 비용을 절감하기 위해 행하는 방법이다.

㉢ 구매자와 공급업자 간의 신뢰도가 높은 경우 이 방법을 활용한다.

[저장 및 재고 관리]

① 재고 관리 및 저장 관리

㉠ 재고 관리 및 저장 관리의 목적은 원・부재료의 적정 재고량을 유지하여 최상의 품질로 위생적이고 안전하게 관리하는 데 있다.

㉡ 미래에 사용하기 위하여 비축하고 있는 자산이므로 도난 및 부패로 인한 손실을 예방하여 유지 비용과 발주에 따른 제 비용을 최소화하고 자산을 보존하는 데 그 목적이 있다.

② 저장 및 재고 관리 원칙

㉠ 저장 및 재고 관리를 효율적으로 관리하기 위해서는 원・부재료의 범주와 적재 위치를 설정하고 입고된 순서대로 선입선출될 수 있도록 해야 한다.

㉡ 적재 시에는 입출고의 빈도수, 대분류, 중분류, 소분류, 세분류 등의 분류법을 사용하여 체계적인 저장 방법으로 재고를 관리해야 한다.

③ 재고 조사

㉠ 저장 및 재고 관리 책임자는 정기적으로 원・부재료와 생산에 필요한 모든 물품의 재고 조사를 실시해야 한다.

㉡ 재고 조사는 입출고 기록상의 문제점과 현 재고량을 파악하여 원・부재료의 총가치를 평가하게 된다. 향후 생산 부서 또는 영업 부서에서 필요한 원・부재료의 재고를 확보하는 데 중요한 역할을 하게 되며, 최종적으로는 경영상의 정보를 제공하여 생산 및 영업에 대한 손익 결과를 알려 주는 지표가 된다.

[재고 관리 방법]

① 정량 주문 방식 : 베이커리 부서에서 가장 많이 쓰인다. 이 방식은 원재료의 재료량이 줄어들면 일정량을 주문하는 방식이다. 재고량도 사용 또는 판매의 형태로 소비되므로 그만큼 보충하지 않으면 안 된다.

② ABC 분석

㉠ 자재의 품목별 사용금액을 기준으로 하여 자재를 분류하고 그 중요도에 따라 적절한 관리 방식을 도입하여 자재의 관리 효율을 높이는 방안이다.

㉡ 자재의 소비 금액이 큰 것의 순서로 나열하고 누계 곡선을 작성하고, 상위의 약 10%의 것을 A그룹, 다음의 20%에 해당하는 것을 B그룹, 나머지 70%를 C그룹으로 한다. 이와 같이 중요도의 순서로 나누는 것을 ABC 분석이라고 한다.

제 2 절 매장 관리

[인적 자원 관리]

① 제과점 경영에 있어 주체적 요소인 인적 자원 확보, 노동력의 육성 개발, 유지 활동을 하는 모든 기능을 대상으로 하는 총체적인 관리 활동이다.

② 베이커리 인적 자원 관리

㉠ 제과점에서 필요로 하는 인력의 조달과 유지, 활용, 개발에 관한 계획적이고 조직적인 관리 활동이다.

㉡ 베이커리 인적 자원 관리는 베이커리 조직의 목적과 베이커리 종업원의 욕구를 통합하여 극대화함을 목적으로 하며, 인적 자원 관리는 베이커리 기업의 목표인 생산성 목표와 베이커리 기업 조직의 유지를 목표로 조직의 인력을 관리한다.

㉢ 베이커리 기업의 경영활동에 필요한 유능한 인재를 확보하고 육성 개발하여 이들에 대한 공정한 보상과 유지 활동을 이룩하는 데 중점을 둔다. 종업원은 근로를 통해 생계 유지와 사회 참여, 성취감을 가질 수 있으며 베이커리 인적 자원 관리는 근로 생활의 질을 충족시켜야 한다.

[베이커리 인적 자원 관리의 종류]

① 과정적 인사 관리

㉠ 인사 계획 : 기업의 경영 이념 및 경영 철학과 밀접하게 관련되는 인사 관리의 기본 방침인 인사 정책으로 고용 관리, 개발 관리, 보상 관리, 유지 관리의 합리적인 수행을 위한 직무 계획 및 인력 계획을 한다.

㉡ 인사 조직 : 인사 계획 단계에서 수립된 인사 정책 및 기본 방침을 구체적으로 실행하기 위한 인사 관리 활동의 체계화 과정으로, 실제의 인적 자원 관리 업무를 담당하고 수행하는 최고 경영자와 라인 관계자 및 인사 스태프의 기능이 포함된다.

㉢ 인사 평가 : 인사 계획에 기초한 모든 인적 자원 관리 활동의 실시 결과를 종합적으로 평가하고 정리하며, 개선을 이룩해 가는 인적 자원 관리 과정을 말한다.

② 기능적 인사 관리

㉠ 노동력 관리 : 종업원의 채용, 교육 훈련, 배치 · 이동, 승진 · 승급, 이직 · 퇴직 등의 기능을 효과적으로 수행하기 위한 고용 관리와 개발 관리의 영역을 포괄하는 관리 체계이다.

㉡ 근로 조건 관리 : 고용 근로자의 안정적 확보 및 유지 발전과 노동력의 효율적 활용을 위한 선행적 관리 체계이다. 근로 조건 관리에는 노동력에 대한 정당한 대가를 지급하기

위한 임금 관리, 복리후생 제도의 정비 및 시설 확보 등의 복리후생(보상) 관리, 근로 시간, 산업안전, 보건위생 등 작업 환경의 쾌적화와 노동의 인간화를 추구하는 근로 조건의 유지 개선 관리 등이 있다.

㉢ 인간관계 관리 : 기업 경영에서 고용 근로자의 인간적 측면의 중요성에 대한 인식 증대와 근로 생활의 질 향상, 동기 부여, 제안 제도 및 소집단 상호작용 등을 통한 인간관계의 개선이 베이커리 경영의 목표 달성을 위한 베이커리 인적 자원 관리의 중요한 과제이다.

㉣ 노사 관계 관리 : 노사 관계 관리를 통해서 임금을 지급받는 노동자와 노동력 수요자 간에 형성되는 노사 공동체 간의 갈등과 분쟁을 해소하고 협력함으로써 베이커리 기업의 목표 달성 및 산업 평화의 유지·발전을 할 수 있다.

[베이커리 인력 계획의 과정]

① **인력 수요 예측** : 베이커리의 인력 수요를 예측하기 위해 연간, 분기별, 계절별 매출을 분석하여 인력 수요 기준을 정하고 크리스마스, 밸런타인데이 등의 특수 행사에 대응하여 생산 목표 또는 사업 목표에 따라 인력 수요 예측을 한다.

② **인력 공급 방안 수립** : 이 단계에서는 인력의 총수요에 대응할 인력 공급 방안을 결정한다.

③ **인력 공급 방안 시행** : 시행 단계는 인력 수요에 따라서 계획된 인력 공급 방안들을 실제로 집행하는 단계이다. 이 단계에서는 인력 공급이 효율적으로 시행될 수 있도록 인력 계획 관리를 한다.

④ **인력 계획 평가** : 이 단계에서는 인력 수요 예측과 인력 공급 계획에 의해 집행된 결과를 분석하여 문제점과 개선 방안을 찾는다. 이를 바탕으로 하여 인력 계획 과정의 적절한 단계에서 피드백 과정을 거친다.

[채용 관리]

① 베이커리 채용 관리

㉠ 채용이란 베이커리에서 필요로 하는 인력을 충원하는 활동을 의미한다.

㉡ 베이커리 조직의 목적 달성에 기여하기 위해 어떤 사람이 필요한지를 먼저 규명하고, 조직의 가치와 비전을 가지고 있는 인력을 개발하는 바탕이 된다.

㉢ 보상 체계 및 복리후생 등의 체계를 갖추어 내부 만족도를 높이고 기업 이미지 제고를 통해 우수한 인력을 확보하여 선발 및 배치를 한다.

② 제과・제빵사 선발 관리

㉠ 선발 관리란 직원 모집을 통해 발굴한 지원자 중에서 직무 수행에 가장 적합한 지원자를 선발하는 과정이다. 기업은 이 과정을 통해 채용을 결정하게 되므로, 선발 관리는 인력 확보 활동을 말한다.

㉡ 선발 관리에서는 직무와 지원자 간 적합성이 무엇보다도 중요하다. 즉 선발자의 능력 초과 현상 등으로 직무 불만족, 보상 불만족이 생길 경우 사기 저하, 이직 발생 가능성이 생기며, 반대로 능력 부족 현상이 생길 경우 경쟁력 저하, 비용 증대를 감수해야 한다.

③ 고용과 배치 관리

㉠ 고용 : 채용이 결정되면 지원자에게 고용 통보를 하고 근무 시작 날짜, 오리엔테이션 및 훈련 스케줄, 임금과 복지, 업무 내용, 근무 스케줄 등의 안내를 제공하고 근무 여부를 최종 확인한 후 노사 간에 근로 계약서를 작성한다.

㉡ 배치

- 고용이 결정되면 종업원을 직무에 배속시키는 것을 '배치'라고 하며, 배치된 종업원을 필요에 의하여 현재의 직무에서 다른 직무로 전환시키는 것을 '이동'이라고 한다.
- 베이커리 조직 또한 급격한 환경 변화와 이에 따른 능력주의가 요구되면서 종업원 개개인의 능력에 적합한 배치가 필요하다.

더THE 알아보기

배치의 원칙

- 적재적소 주의 : 기업은 직원의 능력과 성격 등을 고려하여 최적의 직무에 배치해야 한다. 따라서 능력 본위의 인사 관리를 위한 적재적소 주의는 배치의 가장 중요한 요소이다.
- 능력주의 : 발휘된 능력을 공정하게 평가하고, 평가된 능력과 업적에 대해서 적절한 보상을 하는 원칙을 말한다. 여기서 말하는 능력은 현재적 능력뿐만 아니라 잠재적 능력까지도 포함하는 개념이며, 또한 배치・이동에 있어서 능력을 개발하고 양성하는 측면도 함께 고려해야 한다.
- 인재 육성주의 : 직원의 자주성과 자율성을 존중하여 개인의 창조적 능력을 인정하는 인력 관리이다.
- 균형주의 : 모든 구성원에 대해서 평등하게 적재적소에 배치한다.

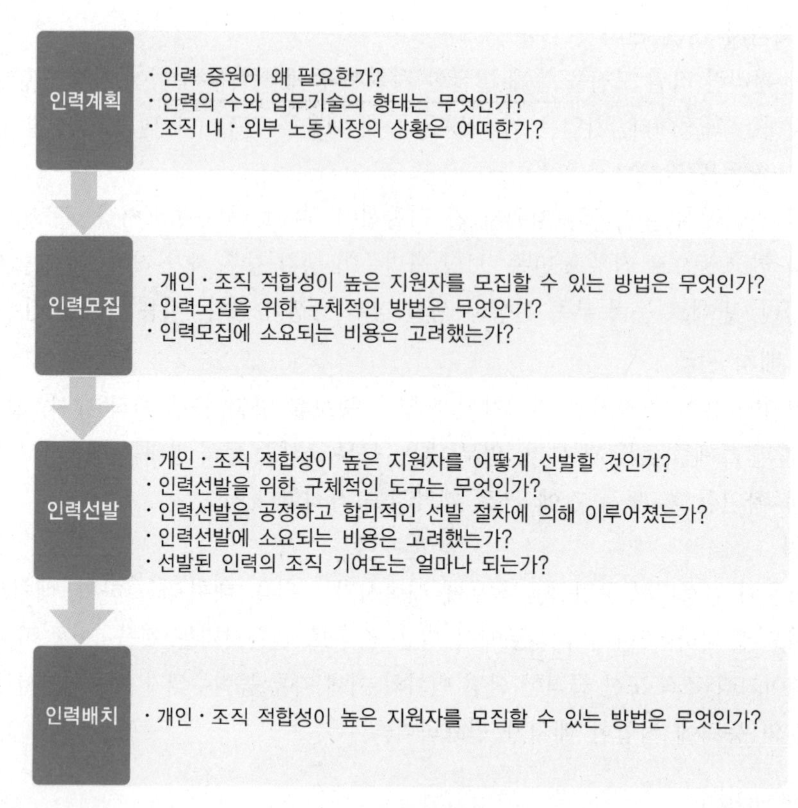

[인력 충원 프로세스]

[마케팅의 개념]

① 마케팅은 자사의 제품이나 서비스가 경쟁사의 제품보다 소비자에게 우선적으로 선택될 수 있도록 하기 위해 행하는 모든 제반 활동들을 의미한다.

② 마케팅에서 가장 기본적으로 갖는 개념은 소비자의 필요와 요구이다. 즉, 마케팅은 소비자의 니즈(Needs)와 원츠(Wants)를 파악하여 이를 충족시켜 주기 위한 기업의 제반 활동을 다루고 있는 학문이다.

③ 마케팅의 정의는 다양하지만 가장 일반적으로 인정되고 있는 미국의 마케팅학회에서 내린 정의는 '마케팅은 조직과 이해관계자들에게 이익이 되도록 고객 가치를 창출하고 의사소통을 전달하며, 고객 관계를 관리하는 조직 기능이자 프로세스의 집합'이다.

④ 이와 같이 마케팅은 기업이나 조직이 제품, 서비스, 아이디어를 창출하고 가격을 결정하며, 고객에게 필요한 정보를 제공하여 소비자가 구매하기까지의 개인 및 조직체의 목표를 달성시키는 교환 활동의 총체라고 말할 수 있다.

[제과 · 제빵 마케팅의 특성]

① **무형성** : 제과 · 제빵 산업은 제품뿐만 아니라 서비스 의존도가 높은 산업으로 서비스는 객관적으로 보이는 형태로 제공되지 않고 감각적으로 느껴지는 무형의 가치이다. 이러한 불확실성을 줄이기 위해 서비스를 유형화하는 마케팅이 필요하다.

② **이질성** : 제과 · 제빵의 품질은 서비스를 제공하는 사람, 장소, 시점, 방법에 따라 달라진다. 생산과 서비스가 동시에 이루어지므로 질적 수준을 동일하게 유지하기가 어렵고 수요가 일정하지 못할 때 서비스의 품질 관리에 한계가 생긴다. 따라서 매뉴얼을 토대로 지속적인 교육과 관리로 인간적인 요소를 극복하고 서비스가 일관되게 유지되도록 한다.

③ **비분리성** : 제과 · 제빵업에서 생산된 재화나 서비스는 제조업의 제품과 달리, 제품의 생산과 소비가 동시에 발생하는 특성이 있다. 따라서 서비스를 제공하는 종사원의 선발과 서비스 마인드 함양을 위한 교육이 중요하다.

④ **소멸성** : 판매되지 않은 일반 제품은 추후 판매가 가능하지만 서비스는 시간이 지나면 소멸되어 판매가 불가능하다. 이와 같은 서비스는 저장이 되지 않으므로 계획 생산하여 비용을 줄이기 위한 수요 예측이 필요하다.

⑤ **일시성** : 외식업뿐만 아니라 제과 · 제빵 산업도 계절과 시간의 영향을 많이 받는다. 시간과 계절에 따라 제과 · 제빵의 수요가 달라진다. 특히 크리스마스나 밸런타인데이 등은 제과 · 제빵 특수기라 할 수 있다. 따라서 수요가 감소되는 시기에는 가격 정책이나 홍보 전략 등의 마케팅을 통해 매출 향상을 기해야 한다.

[마케팅을 위한 환경 분석(SWOT 분석)]

① 내부 환경 분석

㉠ 사업의 전반적인 기능에서 기업의 강점, 약점을 평가하고 내부의 강점을 극대화하고 약점을 해소하기 위한 방안을 세우기 위해 분석한다. 또한 자사의 약점을 분석하여 강점으로 전환하기 위한 차별화 방안을 수립하여 경쟁력을 갖춘다.

㉡ 내부 환경 요인 : 경영, 마케팅, 회계, 생산, 운영, 연구, 개발

② **외부 환경 분석** : 기업의 성과 달성에 도움이 되는 기회들과 피해야 할 위협 요인을 분석한다. 거시적 요인인 경제, 사회, 정치, 인구와 미시적 요인인 고객, 경쟁자, 시장, 산업의 환경을 분석하여 기회 요인을 활용하며, 기업의 성과를 극대화하고 위협 요인을 최소화할 수 있는 방안을 강구한다.

③ **SWOT 분석** : SWOT 분석은 4P(상품, 가격, 유통, 촉진)나 4C(고객, 비용, 편의, 의사소통) 등의 환경 분석을 통한 강점(S), 약점(W), 기회(O), 위협(T) 요인을 찾아내는 방법이다.

- 4P : Product(제품), Price(가격), Place(유통 경로), Promotion(판매 촉진)
- 4C : Customer Value(고객 가치), Cost to the Customer(구매 비용), Convenience(고객 편의성), Communication(고객과의 소통)

④ SWOT 분석의 전략 수립 단계

㉠ 외부 환경의 기회 및 위협 요소 파악

㉡ 내부 환경의 강점과 약점 요소 파악

㉢ SWOT 요소 분석

㉣ 중점 전략 수립 – 실현 방안 모색

㉤ SWOT 분석 요소를 합한 전략

- S/O(강점–기회 전략) : 시장의 기회를 활용하기 위하여 강점으로 기회를 살리는 전략
- S/T(강점–위협 전략) : 시장의 위협을 피하기 위하여 강점으로 위협을 피하거나 최소화하는 전략
- W/O(약점–기회 전략) : 약점을 제거하거나 보완하여 시장의 기회를 활용하는 전략
- W/T(약점–위협 전략) : 약점을 최소화하거나 없애는 동시에 시장의 위협을 피하거나 최소화하는 전략

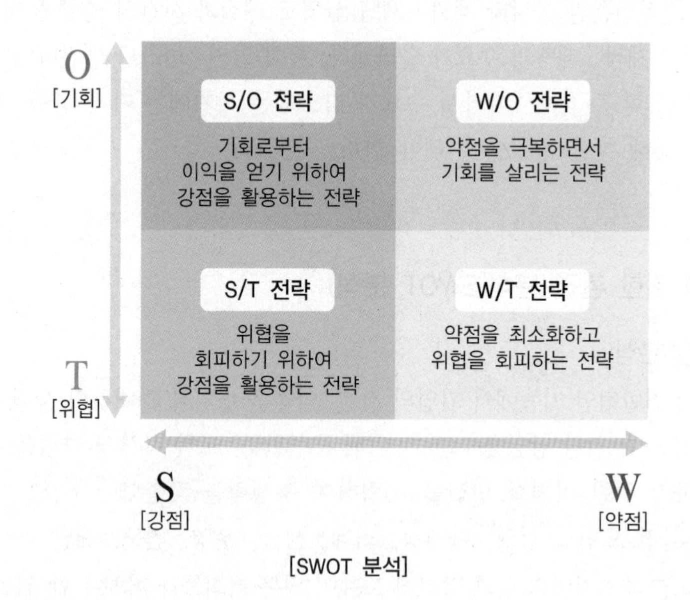

[SWOT 분석]

[시장 세분화]

① 전략적 마케팅 계획에서 누구에게 어떤 콘셉트의 제품을 전달할 것인가를 계획하는데, 고객층, 즉 시장을 나누는 것을 시장 세분화라고 한다. 전체 제품 시장을 정해진 기준을 적용해 동질적인 세분화된 시장으로 나누는 과정이다.

② 세분화된 시장의 소비자 집단은 유사한 소비 욕구를 가지고 있으며 특정한 마케팅에 비슷한 반응을 보인다.

③ 세분화하는 목적은 시장 상황을 파악하여 변화하는 시장 수요에 적극적으로 대응하고 정확한 표적 시장을 설정하여 제품뿐만 아니라 마케팅 활동을 표적 시장에 맞게 개발할 수 있다.

④ 따라서 한정된 자원의 효율적인 배분과 세분화된 시장에 의한 기업의 장점과 약점을 분석하여 보다 더 정확한 목표 시장을 설정할 수 있다.

[표적 시장 선정과 전략]

① 시장 세분화에서 분석된 이질적인 소비자 집단인 세분 시장 중에서 어떤 시장을 표적으로 선정할 것인가를 결정하는 단계이다.

② 회사 자원의 한계와 능력을 고려하여 회사와의 적합도가 가장 높은 시장을 선택한다.

③ 표적 시장을 선정하는 전략

㉠ 비차별화 마케팅
- 소비자의 선호도가 동질적일 때 대량 생산으로 원가 절감 효과를 보기 위해 사용하는 전략으로 모든 시장을 동질적으로 보고 시장 세분화 없이 표준화된 마케팅으로 공략하는 것을 말한다.
- 단일화된 마케팅 믹스로는 모든 고객을 만족시킬 수 없는 단점이 있다.
- 생수는 표준화 마케팅이 가능한 제품이다.

㉡ 차별화 마케팅
- 기업의 자원이 풍부한 경우 각 세분화된 시장에 대해 차별화된 다른 마케팅 믹스를 적용하는 전략을 말한다.
- 세분화된 시장별로 소비자의 욕구를 만족시켜 줄 수 있지만, 비용이 많이 들어가는 단점이 있다.

㉢ 집중화 마케팅
- 시장을 세분화하고 가장 적합한 시장을 선정하여 최적의 마케팅으로 모든 역량을 집중하여 공략하는 전략이다.
- 집중화 마케팅은 자원이 취약한 기업에서 유리한 전략이지만, 선택한 표적 시장이 환경의 영향으로 위축되거나 자본이 우수한 경쟁사의 시장 진입 시 기업 전체가 흔들리는 위험한 전략이 될 수도 있다.

④ 차별적 우위

㉠ 고객이 선호하는 제품으로 기억하게 하는 지속적인 경쟁 우위를 말한다.

㉡ 가격, 품질, 이미지 면에서의 차별적 우위를 확보하기 위하여 포지셔닝 전략을 수립한다.

[고객 관리]

① 고객 만족의 3요소

㉠ 서비스업에는 고객과의 접점이 있는데, 이를 MOT(Moment Of Truth)라고 한다. 이러한 고객과의 만나는 접점에서 고객을 만족시키는 요소 세 가지가 있다.

㉡ 기업의 궁극적인 목적은 이익을 창출하는 것이며 이를 위해 고객을 만족시켜야 한다. 기업 입장에서의 고객 욕구 충족을 위해서는 하드웨어(Hardware)와 소프트웨어(Software), 휴먼웨어(Humanware)의 세 가지 요소를 기대 수준 이상으로 제공할 때 고객 만족을 실현할 수 있다.

- 하드웨어적 요소 : 제과점의 상품, 기업 이미지와 브랜드 파워, 인테리어 시설, 주차 시설, 편의 시설 등을 말한다. 컴퓨터로 예를 들면 본체라고 할 수 있는데, 외적으로 보이는 브랜드 파워까지도 하드웨어에 속한다.
- 소프트웨어적 요소 : 제과점의 상품과 서비스, 서비스 절차, 접객 시설, 예약, 업무 처리, 고객 관리 시스템, 사전 사후 관리 등에 필요한 절차, 규칙, 관련 문서 등 보이지 않는 무형의 요소를 말한다.
- 휴먼웨어적 요소 : 컴퓨터로 친다면 사용자에 해당된다. 제과점의 직원이 가지고 있는 서비스 마인드와 접객 태도, 행동 매너, 문화, 능력, 권한 등의 인적 자원을 말하는데, 직원들의 행동과 서비스 마인드는 고객 만족도를 높이는 데 매우 중요한 요소이다.

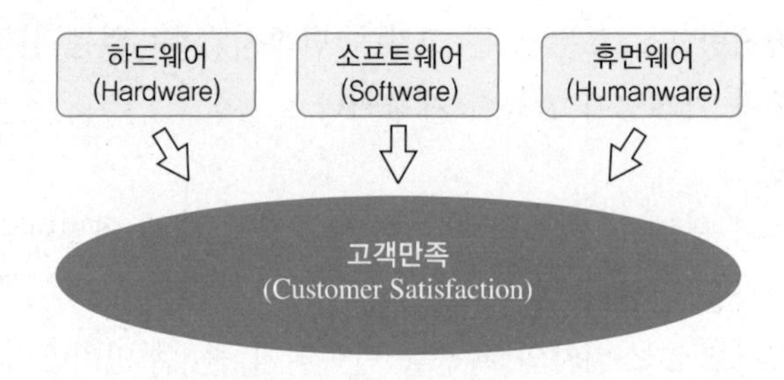

[고객 만족의 3요소]

② 고객 관계 관리(CRM)

㉠ 마케팅, 서비스 경쟁이 치열해지면서 불특정 다수를 대상으로 하던 마케팅에서 특정 계층 및 고객을 위한 차별화된 마케팅이 필요하게 되었다.

㉡ 기업이 고객과 관련된 내부, 외부적인 자료를 바탕으로 분석, 통합하여 고객 중심의 자원을 극대화하여 이를 토대로 영업 활동, 마케팅을 계획하고 지휘, 조정, 지원, 평가하는 과정을 고객 관계 관리라고 한다.

㉢ 신규 고객을 확보하거나 충성 고객을 유지하기 위해 개별 고객에 맞는 맞춤 전략으로 차별화를 강화하여 시장의 흐름을 반영하고 경쟁우위 전략을 세워 경쟁 기업으로의 이탈을 방지한다. 또한 방문 고객을 분류하여 그룹별 고객 관계 관리를 전개할 수 있다.

제 3 절 베이커리 경영

[생산관리]

① 경영 기구에 있어 사람(Man), 재료(Material), 자금(Money)의 3요소를 유효 적절하게 사용하여 좋은 물건을 저렴한 비용으로, 필요한 양을 필요한 시기에 만들어 내기 위한 관리 또는 경영이라 할 수 있다.

② 거래 가치가 있는 물건을 납기 내에 공급할 수 있도록 필요한 제조를 하기 위한 수단과 방법이다.

③ 생산 관리의 기능

㉠ 품질 보증 기능 : 품질의 요구 사항이 충족될 것이라는 신뢰를 제공하는 데 중점을 둔 품질 경영의 한 부분이다. 사회나 시장의 요구를 조사하고 검토하여 그에 알맞은 제품의 품질을 계획, 생산하며 더 나아가 고객에게 품질을 보증하는 기능을 갖는다.

- 품질 : 제품 고유 특성의 집합이 고객의 요구 사항을 충족시키는 정도
- 품질 보증 : 품질 요구 사항이 충족될 것이라는 신뢰를 제공하는 데 중점을 둔 품질 경영의 한 부분

㉡ 적시 적량 기능 : 시장의 수요 경향을 헤아리거나 고객의 요구에 바탕을 두고 생산량을 계획하며 요구 기일까지 생산하는 기능을 갖는다.

㉢ 원가 조절 기능 : 제품을 기획하는 데서부터 제품 개발, 생산 준비, 조달, 생산까지 제품 개발에 드는 비용을 어떤 계획된 원가에 맞추는 기능을 갖는다.

[생산 계획]

① 수요 예측에 따라 생산의 여러 활동을 계획하는 것으로 생산해야 할 상품의 종류, 수량, 품질, 생산 시기, 실행 예산 등을 과학적으로 계획하는 일이다.

② 생산 계획의 분류

㉠ 생산량 계획

㉡ 인원 계획 : 평균적인 결근율, 기계의 능력 등을 감안하여 인원 계획을 세운다.

㉢ 설비 계획 : 기계화와 설비 보전과 기계와 기계 사이의 생산 능력의 균형을 맞추는 작업을 계획하는 일이다.

㉣ 제품 계획 : 신제품, 제품 구성비, 개발 계획을 세우는 것으로, 제품의 가격, 가격의 차별화, 생산성, 계절 지수, 포장 방식, 소비자의 경향 등을 고려해 제품 계획을 세운다.

㉤ 합리화 계획 : 생산성 향상, 원가 절감 등 사업장의 사업 계획에 맞추어 계획을 세우는 일이다.

㉥ 교육 훈련 계획 : 관리 감독자 교육과 작업 능력 향상 훈련을 계획하는 일이다.

③ **실행 예산 계획** : 제조 원가를 계획하는 일이다.

④ **계획 목표** : 노동 생산성, 가치 생산성, 노동 분배율, 1인당 이익을 세우는 일이다.

- 노동 생산성 $= \dfrac{\text{생산 금액}}{\text{소요인원 수}}$
- 가치 생산성 $= \dfrac{\text{생산 가치}}{\text{연 인원}}$
- 노동 분배율 $= \dfrac{\text{인건비}}{\text{생산 가치}}$
- 1인당 이익 $= \dfrac{\text{조 이익}}{\text{연 인원}}$

[수요 예측의 기법]

① 정성적 방법

㉠ 주관적인 방법으로 흔히 정성적 방법 또는 질적인 방법이라고 일컫기도 하며, 판매원, 도매상, 소매상 또는 전문가나 소비자에게 직접 문의한 결과를 종합하여 판단하는 방법을 말한다.

㉡ 주관적 방법은 판매자나 전문 경영자와의 대화를 통하여 수집하는 방법 또는 면담이나 시장조사를 바탕으로 도매상, 소매상 그리고 소비자들이 생각하는 미래의 수요 수준을 종합하는 방법을 사용할 수 있다.

㉢ 주관적인 방법은 계량적인 방법에서 고려되지 못하는 정성적인 또는 질적인 요인을 총괄적으로 포함시킬 수 있으며, 기존에 존재하지 않은 새로운 상품에 대한 수요를 예측하는 데 많이 사용될 수 있다.

㉣ 델파이 기법

- 델파이(Delphi)란 말은 고대 그리스 사람들이 델파이라는 곳에 있는 예언자에게 미래의 상황에 대하여 묻고자 방문한 데서 유래되었다고 한다.
- 델파이 방법은 예측 사안에 대하여 전문가 그룹을 이용하여 합의에 도달한다.
- 델파이 방법이 사용되는 이유
  - 일련의 전문가들이 판단에 필요한 자료를 제공한다.
  - 전문가들을 한 장소에 모으기 어렵거나, 모여서 대면하는 것이 불편한 경우 이용될 수 있다.

- 독립적으로 의견을 개진함으로써 불필요한 상호 영향을 배제할 수 있다.
- 참석하는 전문가의 익명을 보장할 수 있어 정확한 의견을 개진할 수 있다.

• 델파이 방법의 약점
- 질문서의 문항이 명확하지 못하여 질문에 대한 답이 문제와 다른 경우를 볼 수 있다.
- 기간이 오래 걸리면 구성원이 변경될 수 있다.
- 전문가가 문제에 대하여 정확한 지식을 갖지 못할 경우가 있으며, 이에 대한 구별을 사전에 파악하기 어렵다.
- 전문가가 응답에 대한 책임을 지지 않는다.

㉤ 시장조사법 : 실제 시장에 대하여 조사하려는 내용에 대한 가설 설정과 조사 실험을 실시한다.

② 객관적 방법

㉠ 객관적 방법에는 과거의 판매 실적을 토대로 분석하여 모형을 추출하고, 미래의 상황 변수를 넣거나 발견된 인과 관계를 이용하여 미래의 수요를 예측하는 방법이 가장 널리 사용되고 있다.

㉡ 가장 단순한 방법은 장기간의 판매 실적을 토대로 수요의 증가율이나 감소율을 찾아 모형을 결정하는 방법으로, 장기간의 판매 실적 시간의 변화에 맞추어 직선으로 표시하는 방법이다. 보다 구체적인 방법으로는 변이된 자료를 최소 자승법에 의하여 선형화하고 회귀선을 찾아 이용하는 것이다.

③ 계량 예측 기법

㉠ 예측에 있어서 추세율을 결정하거나 추세의 변환점을 파악하고, 이를 이용한 모형을 설정하여 미래를 추정하는 것이다.

㉡ 회귀 분석법 : 회귀 분석은 변수 간의 관계를 분석하여 독립 변수와 종속 변수 간의 관계를 회귀식으로 만들어 예측하는 것으로 수요 변수가 종속 변수이며 이를 위하여 사용되는 변수는 독립 변수로 보고, 이 독립 변수와 종속 변수의 관계를 방정식으로 표현함으로써 독립 변수의 값이 주어진 경우 종속 변수, 즉 미래의 수요를 예측하는 방법이다. 회귀 분석은 단순 회귀 분석과 중 회귀 분석으로 나뉜다.

㉢ 평균법 : 과거의 실적 자료가 주어진 경우 가장 손쉽게 사용할 수 있는 방법인 평균을 이용한 방법이다.

[연간 수요의 자료]

연차	1	2	3	4	5	6	7	8	9	10	11
실적	10	11	12	13	12	13	13	14	14	15	16

평균법에 의한 12년차의 수요 예측 결과는 다음과 같다.

$$\frac{10+11+12+13+12+13+13+14+14+15+16}{11}=13$$

㉣ 이동 평균법 : 이동 평균법은 최근의 자료 중에서 일정한 기간을 소급하여 평균을 내는 방법이다.

[연간 수요의 자료]

연차	1	2	3	4	5	6	7	8	9	10	11
실적	10	11	12	13	12	13	13	14	14	15	16

4년간의 자료를 활용한다면 5차년도의 수요 예측 결과는 다음과 같다.

$$\frac{10+11+12+13}{4}=\frac{46}{4}=11.5$$

㉤ 가중 이동 평균법 : 최근 자료에 더 높은 가중치를 주어 적용하는 방법이다.

㉥ 지수 평활법 : 가중 이동 평균법을 발전시킨 기법이다. 가중치는 과거로 거슬러 올라갈수록 지수 함수적으로 감소하게 되어 결과적으로 최근의 값에 큰 가중치를 부여하게 되는 기법이다. 지수 평활법은 사용하기 쉽고 컴퓨터로 처리할 때 효율적인 기법이다.

[원가의 종류]

① **재료비** : 제품의 제조를 위하여 소비되는 물질적인 것을 말한다(주원료, 부원료, 수선용 재료, 포장재 등).

② **노무비** : 제품 제조를 위하여 생산 활동에 직간접으로 종사하는 인적 보수를 말한다(월급, 봉급, 수당, 잔금).

③ **경비** : 제품의 제조를 위하여 사용되는 재료비, 노무비 이외의 광열비, 전력비, 경비, 보험료 감가상각비 등과 같은 비용을 말한다.

④ **원가의 구성 요소**

㉠ 직접 원가 : 어떠한 제품의 제조를 위하여 소비된 비용(기초 원가)

- 직접 재료비 : 제과·제빵 주재료비
- 직접 노무비 : 월급, 연봉 등 임금
- 직접 경비 : 외주 가공비

㉡ 제조 원가 : 직접 원가에 제조 간접비를 합한 것

- 간접 재료비 : 보조 재료비
- 간접 노무비 : 급료, 수당 등
- 간접 경비 : 감가상각비, 보험료, 수선비, 전력비, 가스비, 수도·광열비 등

㉢ 총원가 : 제조 원가에 판매 직·간접비 및 일반 관리비를 합한 원가

㉣ 판매 원가 : 판매 가격으로서 총원가에 기업의 이익을 더한 가격

더THE 알아보기

원가의 구성
- 직접 원가 = 직접 재료비 + 직접 노무비 + 직접 경비
- 제조 원가 = 직접 원가 + 제조 간접비
- 총원가 = 제조 원가 + 판매비 + 일반 관리비
- 판매 가격 = 총원가 + 이익

[손익 계산서의 구조]

① 수익, 비용, 순이익(순손실)은 손익 계산서의 기본 요소이다.

② 수익은 제과・제빵 업소가 일정 기간 동안 소비자에게 재화, 용역을 판매하여 얻어진 총매출액을 의미한다.

③ 비용은 제과・제빵 업소가 일정 기간 동안 수익을 발생하기 위하여 지출한 비용이다.

④ 순이익 또는 순손실은 일정 기간 동안 발생한 총수익에서 총비용을 차감한 것이다.

㉠ 총수익 − 총비용 = 순이익(순손실)

㉡ 총비용 + 순이익 = 총수익

CHAPTER

03 빵류 제품제조

제 1 절 빵류 제품 스트레이트 반죽

[반죽 온도 조절의 3단계]

① 마찰 계수 계산

마찰 계수 = 반죽의 결과 온도* × 3 − (실내 온도 + 밀가루 온도 + 사용한 물의 온도)
* 반죽의 결과 온도 : 마찰 계수를 고려하지 않은 상태에서의 반죽 혼합 후 측정한 온도

② 직접 반죽법에 사용할 물 온도 계산

사용할 물의 온도 = 반죽 희망 온도 × 3 − (밀가루 온도 + 실내 온도 + 마찰 계수)

③ 얼음 사용량 계산

얼음 사용량 = 물 사용량 × (사용한 물의 온도 − 사용할 물의 온도) / (80* + 사용한 물의 온도)
* 섭씨일 때 물 1g이 얼음 1g으로 되는 데 필요한 열량 계수

얼음 사용량을 계산한 후, 사용할 물의 무게는 전체 물 무게에서 얼음 무게를 빼고 계산을 한 후 얼음을 더하여 사용한다.

[반죽 작업 공정의 6단계]

① 혼합 단계(Pick-up Stage) : 각 재료들이 고르게 퍼져 섞이고 건조한 가루 재료에 수분이 흡수된다.

② 클린업 단계(Clean-up Stage)

㉠ 수분이 밀가루에 흡수되어 한 덩어리의 반죽이 만들어지는 단계이다.

㉡ 밀가루의 수화가 끝나고 글루텐이 조금씩 결합하기 시작한다.

㉢ 유지를 넣는 단계이다.

③ 발전 단계(Development Stage) : 글루텐의 결합이 급속이 진행되어 반죽의 탄력성이 최대가 되는 단계이며, 반죽기에 최대 에너지가 요구된다.

④ 최종 단계(Final Stage)

㉠ 글루텐이 결합되는 마지막 공정이다. 반죽의 신장성이 최대가 되며 반죽이 반투명한 상태이다.

㉡ 반죽을 조금 떼어 내 두 손으로 잡아당기면 찢어지지 않고 얇은 막을 형성하며 늘어난다.

⑤ 렛 다운 단계(Let Down Stage)

㉠ 글루텐이 결합됨과 동시에 다른 한쪽에서 끊기는 단계다.

㉡ 반죽은 탄력성을 잃고 신장성이 커진다. 반죽이 늘어지며 점성이 많아져 끈끈해진다.

㉢ 흔히 이 단계를 '오버 믹싱' 단계라고 한다.

㉣ 햄버거빵, 잉글리시 머핀 반죽은 이 단계에서 반죽을 마친다.

⑥ 브레이크 다운 단계(Break Down Stage)

㉠ 글루텐이 더 이상 결합하지 못하고 끊어지는 단계이다.

㉡ 반죽에 탄력성이 전혀 없이 축 늘어지며 곧 끊어진다.

㉢ 반죽을 구우면 오븐에서의 팽창(Oven Spring)이 일어나지 않아 부피가 작으며 표피와 속결이 거친 제품이 나온다.

[스트레이트법]

① 스트레이트법의 제빵 공정

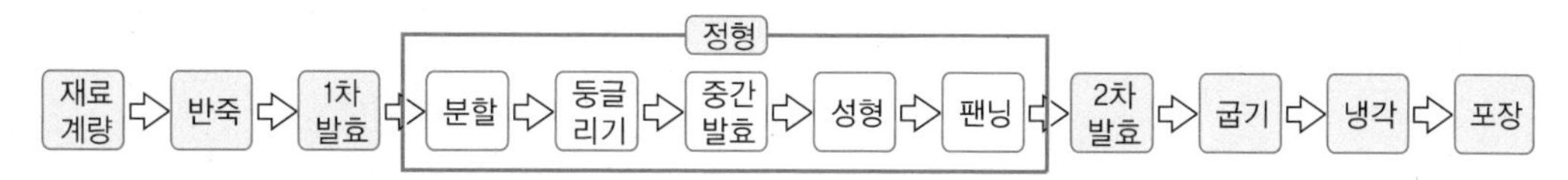

② 스트레이트법 공정에서의 주의점

㉠ 반죽의 흡수와 반죽이 완료되었을 때, 반죽의 되기나 반죽의 온도는 한 번의 반죽으로 의도한 대로 결정해야 한다. 물의 첨가가 늦어지면 글루텐이 먼저 형성되어 수분이 섞이기 힘들어진다. 물은 반죽에 남는 잉여수가 되어 반죽을 퍼지게 한다.

㉡ 반죽 온도와 발효 시간, 이스트양의 균형이 양질의 빵을 만드는 것과 직결된다. 반죽 온도는 이스트 활동을 좌우하고 발효 시간에 영향을 준다.

㉢ 반죽 온도가 너무 낮으면 발효가 늦어지며 반죽이 늘어나는 성질을 가져도 팽창력이 없어 부피가 부족하게 된다. 반대로 반죽 온도가 너무 높으면 발효가 활발해 발효 시간이 짧아진다. 반죽 숙성에 의한 늘어나는 성질이 갖추어지지 않은 상태에서 발효 가스가 반죽을 팽창시켜 반죽이 파열되고 가스는 날아간다. 이 경우에도 부피가 작은 빵이 된다.

㉣ 발효 중에 펀치 여부를 확실히 결정해야 한다. 이 부분은 재료를 배합할 때 미리 결정한다. 이는 펀치를 할 경우와 안 할 경우에 따라 이스트의 양이 달라지기 때문이다. 펀치를 하면 이스트의 가스 발생량이 늘어 빵 볼륨이 증가한다. 이스트양이 많으면 발생된 가스의 양이 너무 많아져 반죽의 신장성이 따라가지 못해 반죽 파열을 초래하게 된다. 따라서 펀치를 하는 반죽은 펀치를 하지 않는 반죽보다 이스트의 양을 줄여 균형 있는 제품을 만든다.

[비상스트레이트법 변환 시 조치 사항]

구분	조치 사항	내용
필수적 조치	생이스트 사용량 2배 증가	발효 속도 촉진
	반죽 온도 30℃	발효 속도 촉진
	흡수율 1% 증가	높은 반죽 온도로 인한 작업성 향상
	설탕 사용량 1% 감소	발효 시간의 단축으로 인하여 잔류당 증가 - 껍질 색 조절
	반죽 시간 20~25% 증가	반죽의 기계적 발달 촉진 - 글루텐 숙성 보완
	1차 발효 시간 15~30분	공정 시간 단축
선택적 조치	소금 사용량 1.75%까지 감소	삼투압 현상에 의한 이스트 활동 저해 감소
	탈지분유 1% 감소	발효 속도를 조절하는 완충제 역할로 인한 발효 시간 지연 조절
	제빵 개량제 증가	이스트의 활동을 촉진하는 역할
	식초나 젖산 첨가	짧은 발효 시간으로 인한 pH 조절

제 2 절 빵류 제품 스펀지 도우(Dough) 반죽

[스펀지 반죽의 종류]

① 스펀지 반죽에 첨가하는 밀가루양 기준

㉠ 스펀지 반죽은 전체 반죽에 사용될 밀가루의 70%를 스펀지 반죽에 사용하는 70% 스펀지법(표준 스펀지법)과 밀가루의 100%를 스펀지 반죽에 사용하는 100% 스펀지법으로 구분된다.

㉡ 일반적으로 100% 스펀지법보다 70% 스펀지법을 더 많이 사용하는데, 이는 70% 스펀지법의 경우 빵의 용적, 식감, 풍미는 우수한 데 비해, 100% 스펀지법은 스펀지 반죽의 오류를 수정하기 어렵고 스펀지 반죽과 본반죽의 유기적인 혼합이 어렵기 때문이다.

② 스펀지 반죽에 첨가되는 설탕량 기준

㉠ 무가당 스펀지법(표준)과 가당 스펀지법(보통 3~5% 첨가)으로 구분된다.

㉡ 통상적으로 당의 첨가량이 2~5%일 때 이스트의 발효 활성도가 가장 좋다. 스펀지 반죽에 설탕을 넣으면 이스트의 활성이 증가하지만, 본반죽에서 반죽의 탄력이 저하되는 단점이 있다.

③ 스펀지 발효 시간 기준

㉠ 3~5시간(4시간 표준), 단시간 스펀지법(2시간), 장시간 스펀지법(8시간), 오버나이트 스펀지법(12~24시간)으로 구분된다.

㉡ 일반적으로는 4시간 표준 스펀지법을 많이 사용하지만, 생산력이 부족하거나 협소한 공간에서 여러 가지 작업을 진행할 경우 오버나이트 스펀지법이 효과적이다.

㉢ 보통 스펀지 발효 시간이 길수록 스펀지 반죽에 들어가는 이스트양, 설탕량이 적어지고 반죽 온도도 낮게 하는 것이 원칙이다.

㉣ 발효 시간이 길어지면 젖산의 생산이 많아져 신맛이 강해질 수 있으므로 탈지분유의 첨가량이 많아진다.

④ 스펀지 반죽을 발효시키는 온도 기준 : 상온 스펀지법(표준), 저온 스펀지법(냉장)으로 구분된다.

[스펀지 도우(Dough)법의 본반죽]

① 스펀지 도우 반죽법은 스펀지 반죽과 본반죽을 구분하여 2회의 반죽과 2회의 발효를 거치는 반죽법이다.

② 본반죽은 스펀지 반죽이 끝나고 다양한 발효 시간을 거친 스펀지 반죽에 나머지 재료를 넣어 글루텐을 형성시킨 다음 스트레이트법과 같은 공정을 거쳐 진행한다.

③ 이때 스펀지 반죽과 나머지 재료가 잘 혼합되어 신장성을 높인 본반죽을 만들고, 이후 본반죽의 발효가 진행된다. 이를 플로어 타임(Floor Time)이라고 부르며, 10~40분 정도 진행한다. 본반죽의 혼합 시간은 5~10분 정도이며, 반죽의 최종 온도는 25~28℃ 정도이다.

[스펀지 도우의 종류]

① 오토리즈법

㉠ 오토리즈는 프랑스빵이나 저율배합빵에서 많이 사용되는 방법으로, 물과 밀가루만을 저속으로 2~3분 혼합하여 휴지시킨 반죽을 말한다. 휴지 시간은 1시간~10시간 정도를 진행하며, 휴지되는 동안 밀가루와 물이 충분한 수화를 이루게 된다.

㉡ 이로 인해 신장성이 향상되고 글루텐이 더욱 활성화되며, 반죽의 역할보다는 최대의 수율을 목적으로 사용된다.

② 폴리시법

㉠ 폴리시법은 폴란드에서 처음 만들어졌으며, 물과 밀가루 1:1의 비율에 약간의 이스트를 넣고 6~8시간 정도 발효시켜 사용하는 방법이다.

㉡ 일반적으로 프랑스빵이나 바게트 등의 저율배합빵에 사용되며 볼륨과 풍미가 좋아지고 믹싱 시간도 짧아지는 효과도 있다.

㉢ 폴리시법의 스펀지 도우 반죽은 반죽을 하지 않고 수저 등의 도구로 가볍게 섞어 발효하기 때문에, 30℃ 정도의 따뜻한 물에 소량의 이스트를 먼저 풀어 준 다음 밀가루를 섞어 발효한다.

③ 비가법

㉠ 비가는 주로 이탈리아에서 사용하는 반죽으로 사전 반죽이라는 의미이다.

㉡ 글루텐의 탄력을 좋게 하고 독특한 풍미와 식감을 가진다.

㉢ 밀가루의 글루텐 함량이 낮거나 힘이 부족한 경우에 사용된다.

㉣ 밀가루양의 1%의 이스트에 60%의 물을 사용해서 저속에서 글루텐이 형성되지 않게 가볍게 반죽한 후, 6~18시간 발효 과정을 거쳐 본반죽에 사용한다.

제 3 절 빵류 제품 특수 반죽

사우어 도우법

① 사우어 도우의 정의 : 사우어 도우란 주로 호밀빵에 이용되는 제법으로 호밀가루와 물만으로 만드는 발효종을 말한다.

② 사우어 도우는 처음에는 아밀레이스(Amylase, 아밀라제)의 활성을 낮추어 빵의 품질을 향상시키기 위하여 사용하였으나, 최근에는 밀가루빵에도 풍미를 향상시키기 위해 사용하고 있다.

③ 사우어 도우는 인공 배양한 이스트균을 효모 대신 이용하기 시작한 근대의 발효 반죽법이 확립되기 이전에, 공기 중에 자연히 존재하는 효모균을 이용하여 발효 반죽을 만들기 시작한 것이 시초이다.

④ 산미를 띤 발효 반죽으로 '신 반죽'이라고도 하며, 독특한 풍미가 있다.

사우어 도우의 발효 원리

① 사우어 도우는 일반적으로 호밀을 이용하여 발효하며, 호밀에는 효모 외에 많은 양의 젖산균이 존재한다. 이 젖산균이 호밀의 당질을 분해하여 젖산 발효하고, 기타 초산, 에탄올, 탄산 가스 등의 부산물을 생성한다.

② 사우어 도우는 발효 상태에 따라 호밀가루와 물만으로 반죽을 시작하는 '발종'이라고 한다. 처음 4~5일간 일정한 온도에 방치하면 효모가 자라고 이 과정에 호밀과 물을 주기적으로 추가하여 반죽하여 효모의 먹이와 산소를 공급하며 반죽의 종을 이어 가는데 이를 '종계'라고 하고, 이렇게 완성되는 반죽은 '초종' 또는 '스타터(Starter)'라고 한다.

③ 초종은 pH가 4.5 이하로 낮아지면서 효모가 활성화되고, 이 효모의 활동으로 알코올 발효가 촉진됨과 동시에 에탄올과 탄산 가스 등이 생성되면서 발효 및 숙성이 진행된다. 이러한 발효 및 숙성이 진행되어 초종이 완성된다.

④ 초종은 사우어 도우를 만들기 위한 기초 작업으로, 본반죽에 넣기 전 1~3번 정도 종을 이어 가고 발효시킨 반죽을 '사우어 반죽'이라고 한다.

제 4 절 빵류 제품 반죽발효

[발효의 정의]

① 발효란 믹싱을 통해 완성한 반죽을 적절하게 팽창시키는 과정으로 이때 반죽에 있는 이스트(Yeast)가 발효성 당인 탄수화물을 분해하여 알코올과 이산화탄소를 생성한다.

② 발효 중 물리・화학적 변화가 일어나 반죽이 팽창하고, 발효가 진행됨에 따라 생성되는 유기산 때문에 pH는 낮아져 반죽의 신전성과 탄력성이 변화되어 반죽을 잡아 늘이면 찢어지고 글루텐은 연해져서 생물학적 숙성이 이루어진다.

③ 발효가 잘된 반죽은 취급성이 좋아 발효 다음 공정으로 손이나 기계로 분할, 둥글리기, 성형 등이 쉽게 된다.

④ 발효 중 생성되는 이산화탄소 이외에 알코올과 휘발성 산은 빵의 맛과 향을 좋게 하고, 발효가 잘된 반죽으로 구운 빵은 노화가 지연된다.

[발효의 목적]

① **반죽의 팽창**

㉠ 이스트가 혐기성 상태에서 다당류 및 이당류를 단당류인 포도당으로 분해하여 이산화탄소를 생성하고 생성된 이산화탄소를 글루텐이 포집하여 반죽이 팽창되는데, 이러한 과정을 발효라고 한다.

㉡ 이스트에 있는 치마아제(Zymase, 치메이스)는 포도당이나 과당 같은 단당류를 분해하여 알코올과 이산화탄소를 생성한다.

② **반죽의 숙성** : 발효 중 생성된 여러 가지 유기산과 알코올은 글루텐을 연하게 하여 부드럽고 유연한 신전성이 좋은 상태로 변화시키기 때문에 가스 포집이 향상된다.

③ **향기 물질의 생성** : 발효 동안 이스트와 여러 종의 유산균은 당을 분해하여 알코올, 저급 유기산, 에스테르(Ester, 에스터), 알데하이드 같은 방향성 물질을 생성하여 빵의 맛과 향을 좋게 하고 노화를 연장시킨다.

발효에 영향을 주는 요소

① 반죽 온도 : 이스트는 냉장 온도(0~4℃)에서는 휴면 상태로 활성이 거의 없게 존재하나, 온도가 상승하면 활성이 증가하여 35℃에서 최대가 되고 그 이상에서는 활성이 감소하여 60℃가 되면 사멸한다. 따라서 어느 온도까지는 온도를 높이면 발효가 빨라진다.

② 반죽의 산도

㉠ 이스트 발효에 최적 pH는 4.5~5.8이나 pH 2.0 이하나 8.5 이상에서는 활성이 떨어진다.

㉡ 스펀지 반죽의 pH는 5.5로 4시간 발효하면 pH가 4.7~4.8로 이스트에 최적 상태가 된다.

㉢ 스트레이트법이나 비상스트레이트법을 할 때 반죽에 약산을 소량 첨가하여 pH를 낮추면 발효가 빨라져 제조 시간을 단축할 수 있다.

발효 손실

① 발효 손실은 발효 중 반죽의 수분 증발과 이스트에 의해 생성되는 이산화탄소 때문에 발생하며, 발효 전 반죽 무게에 비하여 발효 후 반죽 무게가 줄어드는 비율을 말한다.

② 발효된 반죽은 통상 1~2%(총 반죽무게 기준)의 발효 손실률이 발생한다. 발효 손실이 4% 이상이면 발효실의 온도와 상대습도 작동 상태를 점검해 보아야 한다.

발효기(발효실)

① 혼합된 반죽을 발효 용기 또는 철판 등에 넣어서 발효시키는 기계 또는 방을 발효기 또는 발효실이라고 한다. 보통 온도와 습도를 맞출 수 있는 조절기가 부착되어 있고 일정한 온도와 습도를 유지하기 위하여 공기 순환 장치가 달려 있다.

② 발효기는 팬을 바로 집어넣는 데크형과 팬을 담은 선반을 넣는 선반형이 있고, 냉동 장치가 부착되어 있어 냉동과 해동이 가능한 도우 컨디셔너가 있다.

펀치(가스 빼기)의 목적

① 펀치를 하는 목적은 반죽에 산소를 혼입시켜 이스트 활성을 증가시키고, 반죽 상태를 고르게 하여 반죽 온도를 일정하게 유지하여 발효가 균일하게 이루어지도록 하는 데 있다.

② 반죽 내에 과량의 이산화탄소가 축적되는 것을 제거하여 발효를 촉진하고, 글루텐 형성으로 이산화탄소 포집을 증가시키기 위함이다.

[2차 발효]

① 2차 발효는 성형하여 팬닝한 반죽을 최적의 크기가 되게 잘 부풀도록 조치하는 과정이다. 반죽은 정형을 하는 동안 반죽 내의 큰 가스가 제거되어 부피가 작고 탄력이 없는 글루텐 조직을 갖게 되는데, 빵 종류별로 신전성이 좋고 이산화탄소가 많이 함유되어 원하는 부피가 되도록 2차 발효를 한다.

② 2차 발효의 주목적은 이스트에 의한 최적의 가스 발생과 반죽에 최적의 가스가 보유되도록 일치시키는 것으로 발효가 지나치면 엷은 껍질 색, 조잡한 기공, 빈약한 조직, 산취, 좋지 않은 저장성 등의 문제가 발생한다. 발효가 부족하면 빵의 부피가 작고, 황금 갈색이 생기지 않으며 측면이 부서지는 현상이 나타난다.

③ 2차 발효실은 단열이 잘되어 있고 온도와 상대습도를 조절할 수 있는 장치가 있어 제품별로 원하는 내부 온도와 상대습도를 조절할 수 있어야 한다. 발효실 온도와 상대습도 관리를 철저히 하여 2차 발효가 원활히 되도록 한다.

제 5 절 빵류 제품 반죽정형

[둥글리기의 목적]

① 분할하는 동안 흐트러진 글루텐을 정돈한다.
② 분할된 반죽을 성형하기 적정하도록 표피를 형성한다.
③ 가스를 반죽 전체에 균일하게 시키며 반죽의 기공을 고르게 한다.
④ 성형할 때 반죽이 끈적거리지 않도록 매끈한 표피를 형성한다.
⑤ 중간 발효 중에 발생하는 가스를 보유할 수 있는 얇은 막을 표면에 형성한다.

[중간 발효]

① 중간 발효는 둥글리기가 끝난 반죽을 성형하기 쉽도록 짧게 발효시키는 작업이다.
② 오버헤드 프루퍼 : 주로 연속식 컨베이어 시스템을 갖춘 대규모 공장에서 사용하는 중간 발효 방법이다.

[팬닝 시 반죽량의 계산]

반죽의 적정 분할량 = 틀의 부피 ÷ 비용적

① 경사진 사각 틀(식빵 팬)의 틀 부피를 구하는 공식
㉠ 틀 부피(cm^3) = 평균 가로 길이(cm) × 평균 세로 길이(cm) × 높이(cm)
㉡ 평균 가로(cm) = [윗면 가로(cm) + 아랫면 가로(cm)] ÷ 2
㉢ 평균 세로(cm) = [윗면 세로(cm) + 아랫면 세로(cm)] ÷ 2

② 제품에 따른 비용적

제품의 종류	비용적(cm^3/g)
풀먼식빵	3.8~4.0
일반 식빵	3.2~3.4

제6절 빵류 제품 반죽익힘

[굽기의 물리적 · 생화학적 반응]

① 물리적 반응

㉠ 오븐 열에 의하여 반죽 표면에 얇은 막을 형성한다.

㉡ 반죽 속 수분에 녹아 있던 이산화탄소가 증발하기 시작한다.

㉢ 휘발성 물질의 증발로 가스가 팽창하고 수분이 증발한다.

② 생화학적 반응

㉠ 반죽 온도가 60℃가 될 때까지는 효소의 작용이 활발해지고 휘발성 물질이 증가하여 프로테이스(Protease, 프로테아제)가 글루텐을 연화시키며, 아밀레이스는 전분을 분해하여 부드러운 반죽을 만들어 반죽의 팽창을 쉽게 한다.

㉡ 이스트의 활동은 55℃에 이르면 저하되기 시작하여 60℃에 사멸하고 전분의 호화가 시작된다.

㉢ 글루텐의 응고는 75℃ 전후로 시작하여 빵의 골격을 이루며, 반죽이 완전히 익을 때까지 지속된다. 이스트가 사멸되기 전까지 반죽 온도가 오름에 따라 발효 속도가 빨라져 반죽이 부푼다. 더욱이 이스트가 사멸된 후에도 80℃까지 탄산 가스가 열에 의해 팽창하면서 반죽의 팽창은 지속된다.

㉣ 반죽의 표면은 지속적인 열을 받아 160℃를 넘어서면 당과 아미노산이 메일라드(Maillard, 마이야르) 반응을 일으켜 멜라노이드를 만들고 껍질 부분에 존재하는 당이 캐러멜화되며, 전분이 덱스트린으로 분해되어 향과 껍질 색이 완성된다.

[굽기 방법]

① 고온 단시간(Under Baking) : 과다한 수분 증발을 막아 촉촉한 제품을 생산하거나, 크기가 작고 밀가루의 비율이 부재료인 버터, 달걀, 설탕 등에 비해 적어 호화 시간이 짧은 제품을 구워 내는 방법이다.

② 저온 장시간(Over Baking) : 수분을 증발시켜 말리듯이 굽는 방법으로, 장식용 빵을 굽거나 바삭한 식감의 그리시니 등을 구울 때 사용하는 방법이다.

[스팀 사용 목적]

① 스팀은 프랑스빵, 하드 롤, 호밀빵 등의 하스브레드(Hearth Bread)를 구울 때 많이 사용된다.

② 반죽 내에 유동성을 증가시킬 수 있는 설탕, 유지, 달걀 등의 재료의 비율이 낮은 경우 오븐 내에서 급격한 팽창을 일으키기에는 반죽의 유동성이 부족하기 때문에 반죽을 오븐에 넣고 난 직후에 수분을 공급하여 표면이 마르는 시간을 늦춰 오븐 스프링을 유도하는 기능을 수행한다.

③ 이를 통해 빵의 볼륨이 커지고 빵의 표면에 껍질이 얇아지면서 윤기가 나는 빵이 만들어진다.

[튀기기]

① 튀기기는 튀김용 기름을 열전달의 매체로 가열하여 익히는 방법으로 고온으로 가열된 기름의 온도가 식품에 전도되어 열을 전달하는 방식이다.

② 튀김용 기름의 온도는 150~200℃ 정도로 물보다 월등히 높아 가열되는 속도가 빠르며 가열 중 식품의 수분은 증발하고 대신 기름이 식품에 흡수되어 물과 기름의 교환이 일어난다.

③ 기름과 식품 간의 이동 열량은 식품 재료의 표면적이 클수록 빠르기 때문에 튀길 때 한꺼번에 다량의 튀김 재료를 넣으면 기름의 온도가 떨어져서 튀김 결과가 좋지 못하게 된다.

④ 식품 중에 수분 함량이 많으면 증발 시 기화열로 열을 빼앗겨 온도가 크게 떨어지므로 온도와 양을 조절해야 한다.

[유지 흡수]

① 튀김을 하면 기름의 대부분이 껍질에 집중되나 튀김옷이나 반죽 표면이 기름을 많이 흡수하여 제품의 질이 떨어지고 맛이 없어진다.

② 보통 반죽이 지나치게 가벼운 경우 유지 흡수가 높아지고 반죽의 믹싱 시간이 부족하거나, 튀김 기름의 온도가 낮은 경우, 반죽의 발효가 부족하거나 과다한 경우에도 유지를 과다하게 흡수한다.

③ 반죽 안의 수분이 부족할 때 겉껍질의 조직이 물러져 발효 중에 생기는 탄산 가스를 보존하고 유지하는 힘이 저하되어 반죽이 충분한 볼륨을 얻을 수 없게 되어 튀길 때 반죽의 열전달이 나빠 튀김 시간이 길어진다. 즉 튀기는 시간이 길어질 때도 기름의 흡수가 높아진다.

튀김용 유지의 조건

① 기름에 튀겨지는 동안 구조 형성에 필요한 열전달을 할 수 있어야 한다.
② 튀김 중이나 튀김 후에 불쾌한 냄새가 나지 않아야 한다.
③ 제품이 냉각되는 동안 충분히 응결되어 설탕이 탈색되거나 지방 침투가 되지 않아야 한다.
④ 기름의 대치에 있어서 그 성분과 기능이 바뀌어서는 안 된다.
⑤ 발연점이 높은 것이 좋다.
⑥ 엷은 색을 띠며 특유의 향이나 착색이 없어야 한다.
⑦ 튀김 기름의 유리 지방산 함량이 0.1% 이상이 되면 발연 현상이 나타나므로 0.35~0.5%가 적당하다.
⑧ 수분 함량은 0.15% 이하로 유지해야 한다.

튀김용 유지의 조리 변화

① **가수분해** : 유지는 가열하면 지방산과 글리세롤로 분해되고 이것을 계속해서 가열하면 글리세롤은 다시 분해되어 아크롤레인을 생성하게 되는데, 이 물질 때문에 기름에 거품이 생기고 색이 진해지며 강한 냄새가 난다.
② **중합** : 유지의 분자가 농축되어 더욱 큰 지방 분자를 형성하는 현상으로 중합이 계속해서 일어나면 유지의 점성은 높아지고 영양가는 손실된다.
③ **산화** : 산패의 원인이 되는 산화 반응은 온도가 높은 조건에서 촉진된다. 이와 같은 변화를 막기 위해서는 보통 튀김 유지의 온도를 180~190℃로 하고 튀김 시간과 유지의 가열 시간을 짧게 한다.
④ **냄새의 흡착** : 버터나 우유 등의 유지 식품은 흡착성이 강하여 뚜껑을 덮지 않고 보관하면 여러 음식 냄새를 잘 흡착하므로 밀폐된 용기나 랩 등을 덮어서 보관한다.
⑤ **가열에 의한 변화**
  ㉠ 유지를 고온에서 장시간 가열하면 산화와 분해 반응이 일어나고 분해된 유지 분자들은 서로 결합하여 중합체를 형성함으로써 점도가 높아지고 발연점이 낮아져서 풍미 손실, 영양가 감소, 독성 물질 형성 등으로 품질이 저하된다.
  ㉡ 유지를 계속 가열하면 연기가 발생하고 자극적인 냄새가 나며 점도는 높아지는데, 이러한 현상은 콩기름, 아마인유와 같이 리놀레산과 리놀렌산 등의 불포화도가 높은 식물성 기름에서 자주 발생한다.

제 7 절 기타 빵류 만들기

[페이스트리 정형 시 충전용 유지의 특성]

① 페이스트리는 발효 시 발생되는 탄산 가스의 층과 반죽과 반죽 사이에 층을 이루어 반죽과 반죽의 부착을 방지하고, 충전용 유지의 수분 팽창에 의해 페이스트리의 부피를 형성하므로 충전용 유지의 품질은 페이스트리 제품에서 중요한 요소이다.

② 융점이 높은 충전용 유지를 사용할수록 반죽의 유지 층에 수증기를 보유하여 제품의 부피 팽창에 도움을 준다.

③ 따라서 충전용 유지는 발효와 성형 및 굽기 공정에서 녹지 않도록 가소성 범위가 넓어야 하며, 밀어 펴기 및 접기 공정을 거치는 동안 형태를 유지할 수 있어야 하고, 반죽의 온도 변화에 의해 경도의 변화가 크지 않아야 한다.

[고율배합빵]

① 일반적으로 고율배합이란 필수 재료를 제외한 부재료의 비율이 전체 중량 대비 20~25% 이상 함유된 빵을 말한다.

② 부재료의 비율은 단과자빵의 경우 25% 내외, 슈톨렌의 경우 35~40%, 브리오슈의 경우에는 40% 이상 첨가되는 것이 일반적이다.

③ 고율배합빵 반죽의 특징

㉠ 고율배합빵 반죽은 유지, 달걀, 설탕 등이 물과 섞이면 부드러운 성질을 나타낸다.

㉡ 반죽에 부재료가 많이 첨가되면 반죽의 유동성이 좋아지고 부드러워져 저장성이 높아지며, 맛이 좋아진다.

㉢ 다량의 유지 첨가로 인해 물과 밀가루와의 혼합 시간이 길어지고, 반죽도 진 경우가 많아 반죽 시간이 길어진다. 또한 반죽 자체가 부드러워 글루텐의 형성 여부를 판단하기가 쉽지 않다.

㉣ 고율배합빵 반죽의 경우 반죽 상태를 확인함과 동시에 시간도 같이 고려하는 것이 바람직하다.

[저율배합빵]

① 저율배합빵은 설탕, 유지, 달걀 등의 비율이 낮으며 빵의 기본 재료인 밀가루, 소금, 물을 위주로 하여 만든 소박한 빵을 말한다.

② 가장 대표적인 빵으로 바게트(Baguette), 캄파뉴(Campagne, 깜파뉴), 치아바타(Ciabatta) 등의 유럽식 빵이 있다.

[냉동 반죽]

① 냉동 반죽은 빵 반죽 또는 반가공품을 급속 냉동하여 x시간에서 x일까지 굽기를 연장하여, 일정한 품질을 장기간 유지하고 필요한 시기에 해동·생산하는 것을 말한다.

② 냉동 반죽의 장점

㉠ 신선한 빵 공급
㉡ 노동력 절약
㉢ 휴일 대책
㉣ 야간작업 감소 또는 폐지
㉤ 작업 효율의 극대화
㉥ 다품종 소량 생산 가능
㉦ 설비와 공간의 절약
㉧ 배송의 합리화
㉨ 반품의 감소
㉩ 재고 관리의 용이
㉪ 가정용 제빵 생산의 단순화

[냉동 반죽법]

① 냉동 반죽을 만드는 반죽법 중 가장 널리 사용되는 제빵법으로는 직접 반죽법(Straight Dough Method)과 노타임 반죽법(No-time Dough Method)이 있다.

② 냉동 반죽에 사용되는 제빵법은 반죽을 냉동함으로써 물리·화학적으로 많은 변화가 일어난다. 즉 탄성, 신장성, 점성의 변화가 일반적인 제빵 공정 및 제빵법과는 다르다.

③ 동결 공정에 의해 반죽의 물리·생화학적 변화로 인한 냉동 반죽은 동결 전 발효(반죽 후 1차 발효)를 억제시키는 것이 좋다. 이를 위하여 후염법과 후이스트법을 사용한다. 후염법은 반죽 혼합 시 글루텐 발전 40~50% 시점에서 소금을 넣고, 후이스트법은 글루텐 발전 60~70% 시점에서 이스트를 넣는 방법을 말한다.

 **더 THE 알아보기**

냉동 반죽의 문제점

- 이스트(Yeast)의 동결 손상으로 초래되는 동결 장해
  - 살아 있는 이스트는 출아법으로 증식하는 과정에서 노화된 이스트 모체와 미성숙된 이스트의 자세포가 동결 시 장해를 입어 냉동 반죽에 손상을 초래한다.
  - 장해를 받은 이스트로부터 흘러나오는 환원성 물질, 즉 글루타티온(Glutathione) 침출에 의해 반죽 구조가 손상되고, 이 손상된 반죽 구조는 글루텐 단백질에 존재하는 다이설파이드(Disulfide) 결합을 절단하여 글루텐을 약화시킨다.
- 동결 장해에 의한 반죽 형태 변화
  - 냉동 반죽에서 일어나는 동결 손상의 원인은 동결에 의한 반죽 글루텐 구조의 변화 때문이다. 이를 일으키는 것은 얼음 결정체로 인한 글루텐 3차원 망상 구조 파괴이다.
  - 결과적으로 동결에 의한 반죽 성상의 변화와 이스트의 동결 손상으로 글루텐을 약화시켜 가스 발생력 및 가스 포집력을 떨어뜨리고 빵의 부피나 내상에 영향을 미쳐 저품질의 빵이 만들어지는 원인이 된다.

제 8 절 빵류 제품 마무리 및 냉각포장

[냉각]

① 냉각은 높은 온도를 낮은 온도로 내리는 것을 말한다. 보통 오븐에서 꺼낸 빵 속의 온도가 97~99℃인데 이것을 35~40℃로 낮추는 것을 말한다.

② 수분 함량은 굽기 직후 껍질에 12~15%, 빵 속에 40~45%를 유지하는데, 냉각하면 수분 함량은 껍질에 27%, 빵 속에 38%로 감소하게 된다.

③ 냉각하는 동안 평균 2%의 무게가 감소하게 되는데 이는 수분 증발 때문이다.

[냉각의 목적]

① 곰팡이 등 세균 피해 방지와 저장성 증대

㉠ 굽기가 끝난 제품을 냉각하지 않고 그대로 포장할 경우 제품의 수분이 포장지 표면으로 증발되어 수분이 응축되었다가 제품에 흡수된다. 이로 인해 제품의 수분 활성이 높아져 곰팡이 등의 세균 오염을 일으킬 수 있다.

㉡ 따라서 냉각을 하면 곰팡이 등의 세균 번식을 예방하고, 저장성을 증대할 수 있다.

② 빵류 제품의 절단(슬라이스) 및 포장 용이

굽기가 끝난 제품은 부드럽고, 내부에 수분을 많이 보유하고 있어 잘 절단되지 않는다.

[냉각 방법]

① 자연 냉각 : 제품을 냉각 팬에 올려 상온에서 냉각하는 것으로 3~4시간 정도 걸린다. 이때 냉각 장소의 온도와 습도가 너무 높지 않도록 해야 한다.

② 터널식 냉각 : 냉각 컨베이어를 이용하여 22~25℃의 냉각 공기를 이용한 냉각으로, 소요 시간은 2시간~2시간 30분 정도 걸리며 대규모 공장에서 많이 사용된다.

③ 공기 조절식 냉각(에어컨디셔너식 냉각) : 제품에 20~25℃의 온도와 85%의 습도를 유지한 공기를 통과시켜 90분간 냉각하는 방법이다.

[포장]

① 포장은 물리적 · 화학적 · 생물적 · 인위적인 요인으로부터 내용물을 보호하고 제품 손상을 방지하며, 수송, 보관함에 있어 가치나 상태를 보존하기 위하여 적절한 재료, 용기 등의 물품에 가하는 기술 및 상태를 말한다.

② 빵류 제품에서 주로 사용되는 포장은 포장지나 리본 등 포장 재료를 이용하여 물건의 겉면을 싸는 것을 말한다.

[빵류 포장재의 조건]

① **위생적** : 포장재는 식품위생법 제9조(기구 및 용기 · 포장에 관한 기준 및 규격)에 적합한 제품으로 유해, 유독 성분이 없고 무미, 무취해야 한다. 포장재의 유해한 성분은 제품 내의 수분, 지방 등에 의해 용출되어 직접 접촉하고 있는 식품으로 이행되어 식품위생상의 문제를 일으킬 수 있으므로 주의한다.

② **안정성** : 내열성이나 내한성이 낮은 플라스틱 제품이나 종이류는 물이나 습기에 대한 안정성이 매우 낮으므로 포장하는 식품의 특성에 맞는 포장재를 선택, 사용해야 한다.

③ **보호성** : 포장재는 식품을 제조, 유통, 판매, 구입하는 과정에서 손상되어 내용물이 파손되지 않도록 물리적 강도가 커야 하고, 차광성, 방습성, 방수성이 우수한 포장재를 사용해야 한다.

④ **편리성** : 포장재는 작업자나 소비자가 사용하기 편리하도록 밀봉이나 개봉이 용이해야 한다. 빵류 제품 포장재로 플라스틱 필름을 많이 이용하는 이유는 접착성이 좋기 때문이다.

⑤ **판매 촉진성** : 포장은 저렴한 비용으로 소비자가 제품에서 청결감을 느끼고, 구입 충동을 느낄 수 있도록 광고 효과를 얻을 수 있는 기능이 있어야 한다.

⑥ **경제성** : 포장재는 저렴한 가격에 대량 생산할 수 있어야 하고, 가볍고 부피가 작아 운반이나 보관이 편리해야 한다.

⑦ **환경 친화성** : 포장재의 폐기는 환경오염, 자원 낭비 등의 문제를 일으키므로 플라스틱 용기나 금속 캔에는 알맞은 재활용 마크를 부착하여 포장재를 재사용하거나 재활용하도록 해야 한다.

[포장재의 종류]

① 셀로판

㉠ 셀로판(Cellophane)은 펄프를 용해하고 소다를 가해 만든 비스코스(Viscos)를 압출한 후 글리세롤, 에틸렌글리콜, 소비톨 등의 유연제로 처리, 건조시켜 부드럽게 만든다. 이때 사용되는 유연제의 종류와 양에 따라 셀로판의 물성이 달라진다.

㉡ 셀로판은 표면의 광택, 색채의 투명성이 아주 좋고, 인쇄 적성이 아주 뛰어나며 먼지가 잘 묻지 않으나 찢어지기 쉬운 단점이 있다.

㉢ 한 면이나 양면에 니트로셀룰로스(나이트로셀룰로스)나 폴리염화비닐리덴을 코팅한 셀로판은 강도, 투명도, 열 접착성이 우수하며, 수분 및 산소 차단성, 인쇄성이 좋다.

② 플라스틱 포장재

㉠ 포장재의 발달을 보면 초기에는 파라핀을 입힌 기름종이를 사용하였으며, 1930년대에 투명한 셀로판 재질의 포장재를 만들었고, 1950년대에 폴리에틸렌을 비롯한 여러 플라스틱 포장재가 개발되었다.

㉡ 플라스틱 포장재는 가볍고 가소성이 있으며, 산, 알칼리, 염 등의 화학 물질에 매우 안정하다. 또한 인쇄성, 열 접착성이 좋고 가격이 저렴하여 대량 생산이 가능하므로 가장 많이 사용되고 있다.

㉢ 빵의 포장 재질은 저밀도의 폴리에틸렌이며, 주로 봉투 형태가 사용된다.

PART

02

최종모의고사

제빵 산업기사

필 기

초단기완성

제빵산업기사

최종모의고사

제 1 과목 위생안전관리

01 다음 프랑스빵 배합표에서 ㉠, ㉡에 들어갈 수치로 옳은 것은?

재료명	배합 비율(%)	사용량(g)
강력분	100	1,200
물	64	(㉠)
이스트	2	(㉡)
소금	2	24
달걀	2	1개
합계	170	2,040

① ㉠ 640, ㉡ 20
② ㉠ 640, ㉡ 24
③ ㉠ 768, ㉡ 20
④ ㉠ 768, ㉡ 24

사용량은 배합 비율에 12를 곱한 값이므로 물은 $64 \times 12 = 768$, 이스트는 $2 \times 12 = 24$이다.

02 재료 계량 시 옳지 않은 것은?

① 계량할 재료를 올려놓고 원하는 무게만큼 계량한다.
② 모든 재료는 각각의 용기에 따로따로 계량한다.
③ 쇼트닝, 버터 및 마가린이 녹지 않도록 계량하기 직전에 냉장고에서 꺼낸다.
④ 액체류는 투명한 계량컵을 이용해 눈높이에서 맞추어 읽는다.

해설
냉장 보관 상태의 쇼트닝, 버터, 마가린 등은 계량 전 실온에 미리 꺼내 놓으면 손실을 줄일 수 있다.

정답 1 ④ 2 ③

03 위생 복장 점검 시 옳지 않은 것은?

① 작업장 내부의 온도가 높을 경우 원활한 작업을 위해 반소매 위생복을 착용한다.
② 목걸이, 귀걸이를 착용하였으면 제거한다.
③ 침, 콧물, 재채기 등으로 인한 오염 물질이 제품에 혼입되지 않도록 마스크를 착용한다.
④ 신발장은 별도로 분리하여 외출화와 실내화를 구분하여 보관한다.

해설

반소매 위생복은 화상의 위험이 있으므로 착용하지 않는다.

04 식품 등의 위생적 취급에 관한 기준으로 틀린 것은?

① 어류, 육류, 채소류를 취급하는 칼과 도마는 구분하여 사용하여야 한다.
② 소비기한이 경과된 식품 등을 판매하거나 판매의 목적으로 진열・보관하여서는 안 된다.
③ 식품원료 중 부패・변질되기 쉬운 것은 냉동・냉장시설에 보관・관리하여야 한다.
④ 식품의 조리에 직접 사용되는 기구는 사용 전에만 세척・살균하는 등 항상 청결하게 유지・관리하여야 한다.

해설

식품 등의 위생적인 취급에 관한 기준(식품위생법 시행규칙 별표 1)
식품 등의 제조・가공・조리에 직접 사용되는 기계・기구 및 음식기는 사용 후에 세척・살균하는 등 항상 청결하게 유지・관리하여야 한다.

05 HACCP의 의무적용 대상 식품에 해당하지 않는 것은?

① 껌류
② 초콜릿류
③ 레토르트식품
④ 과자・캔디류・빵류・떡류

해설

식품안전관리인증기준 대상 식품(식품위생법 시행규칙 제62조 제1항)에 근거하여 '껌류'는 HACCP의 의무적용 대상 식품에 해당하지 않는다.

3 ① 4 ④ 5 ① 정답

06 식품첨가물의 구비 조건이 아닌 것은?

① 사용이 간편하고, 값이 저렴할 것
② 무미, 무취, 자극성이 없을 것
③ 미량으로 효과가 클 것
④ 미생물 증식이 활발할 것

해설

식품첨가물의 구비 조건
- 미생물에 대한 증식 억제 효과가 클 것
- 독성이 없을 것
- 미량으로 효과가 클 것
- 무미, 무취, 자극성이 없을 것
- 공기, 빛, 열에 안정적일 것
- 사용이 간편하고 값이 저렴할 것

07 식품첨가물 중 보존료의 목적을 가장 잘 표현한 것은?

① 산도 조절
② 미생물에 의한 부패 방지
③ 산화에 의한 변패 방지
④ 가공과정에서 파괴되는 영양소 보충

해설

보존료는 세균이나 곰팡이 등 미생물에 의한 부패를 방지하기 위해 사용되는 방부제로서, 살균작용보다는 부패 미생물에 대하여 정균작용 및 효소의 발효억제 작용을 한다.

08 식품 취급자의 화농성 질환에 의해 감염되는 식중독은?

① 살모넬라 식중독 ② 황색포도상구균 식중독
③ 장염 비브리오 식중독 ④ 병원성 대장균 식중독

해설

황색포도상구균은 인체에서 화농성 질환을 일으키는 균이기 때문에 피부에 외상을 입거나 각종 장기 등에 고름이 생기는 경우 식품을 다뤄서는 안 된다.

정답 6 ④ 7 ② 8 ②

09 경구감염병과 비교하여 세균성 식중독이 가지는 일반적인 특성은?

① 잠복기가 짧다.
② 2차 발병률이 매우 높다.
③ 소량의 균으로도 발병한다.
④ 면역성이 있다.

세균성 식중독은 미생물, 유독물질, 유해 화학물질 등이 음식물에 첨가되거나 오염되어 발생하는 것으로 잠복기가 짧아 급성위장염 등의 생리적 이상을 초래한다.

10 식품의 살균 목적으로 사용되는 것은?

① 초산비닐수지
② 이산화염소
③ 규소수지
④ 차아염소산나트륨

해설

차아염소산나트륨은 살균제로서 식기, 음료수 등에 사용되며 탈취제나 표백제로도 쓰인다.

11 작업장 바닥 점검 시 옳지 않은 것은?

① 작업의 효율성을 높이기 위해 작업장 바닥은 격일로 청소한다.
② 작업장 바닥은 미끄러지지 않는 재질을 선택해야 한다.
③ 바닥의 균열이 난 자리는 미생물 증식의 온상이 되므로 즉시 고친다.
④ 작업장 바닥에 경사를 주어 배수가 잘되도록 한다.

해설

작업장 바닥은 위생적인 작업 환경을 유지하기 위해 매일 청소를 실시해야 한다.

9 ① 10 ④ 11 ① 정답

12 세척에 사용되는 용수에 대한 설명으로 적절하지 않은 것은?

① 세척에 사용되는 물이 먹는물 수질기준에 적합한 용수인지 확인한다.
② 연 1회 이상 공인기관에 의뢰하여 항목 검사를 실시해야 한다.
③ 용수 저장탱크는 반기별 1회 이상 청소 및 소독해야 한다.
④ 세척에 사용 가능한 용수로 상수도는 부적합하다.

해설
세척에 사용되는 물은 먹는물 수질기준에 적합한 용수를 사용해야 한다. 상수도 또는 먹는물 수질기준에 적합한 지하수도 세척에 사용 가능하다.

13 품질 관리를 위해 전체적인 계획을 수립하고 이를 실행하기 위한 방법을 설정하는 것은?

① 투자 기획
② 품질 기획
③ 생산 기획
④ 공정 기획

해설
품질 기획이란 품질 관리를 위해 전체적인 계획을 수립하고 이를 실행하기 위한 방법을 설정하는 것을 말한다.

14 식품전문기관이 협력하여 제정한 국제 규격으로 식품의 모든 취급 단계에서 발생할 수 있는 위해요소를 효과적으로 관리하여 식품 안전이란 목적을 달성하도록 하는 품질 관리 기법은?

① ISO
② ISO9001(품질경영 시스템)
③ ISO22000(식품안전경영 시스템)
④ HACCP

해설
ISO22000(식품안전경영 시스템)은 ISO/TC 34/WG 8(식품안전경영 시스템 규격위원회) 주도로 ISO 회원국 등 식품전문기관이 협력하여 제정한 국제 규격이다. 식품의 모든 취급 단계에서 발생할 수 있는 위해요소를 효과적으로 관리하여 식품 안전이란 목적을 달성하도록 한다.

정답 12 ④ 13 ② 14 ③

15 공정 관리 지침서 작성 순서로 알맞은 것은?

① 제품 설명서 작성 → 공정 흐름도 작성 → 위해요소 분석 → 중요관리점 결정
② 제품 설명서 작성 → 위해요소 분석 → 중요관리점 결정 → 공정 흐름도 작성
③ 위해요소 분석 → 공정 흐름도 작성 → 제품 설명서 작성 → 중요관리점 결정
④ 중요관리점 결정 → 제품 설명서 작성 → 위해요소 분석 → 공정 흐름도 작성

해설

빵류 제품 공정은 공정 관리에 필요한 제품 설명서와 공정 흐름도를 작성하고 위해요소 분석을 통해 중요관리점을 결정한다.

16 나선형 훅이 내장되어 있어 프랑스빵과 같이 된 반죽을 할 경우 적합한 믹서기는?

① 에어 믹서
② 수직형 믹서
③ 수평형 믹서
④ 스파이럴 믹서

해설

① 에어 믹서 : 제과 전용 믹서이다.
② 수직형 믹서 : 반죽 날개가 수직으로 설치되어 있고, 소규모 제과점에서 케이크 반죽에 주로 사용한다.
③ 수평형 믹서 : 반죽 날개가 수평으로 설치되어 있고, 주로 대형 매장이나 공장형 제조업에서 사용한다.

17 기기위생 안전관리 방법으로 옳지 않은 것은?

① 튀김기 세척 시 약산성 세제를 풀어 부드러운 브러시로 문지른다.
② 팬은 세척 시 철 솔이나 철 스크레이퍼를 사용하여 찌꺼기를 깨끗이 제거한다.
③ 제품을 집는 집게는 교차오염을 일으킬 수 있어 수시로 소독수로 세척해야 한다.
④ 칼, 스패출러는 사용 후 잘 세척하여 칼 꽂이에 보관하거나 살균기에 넣어 보관한다.

해설

비점착성 코팅 팬은 세척 시 철 솔이나 철 스크레이퍼를 사용하면 코팅이 벗겨져 제품에 묻거나 구울 때 빵이나 과자류가 붙을 수 있으므로 주의한다.

15 ① 16 ④ 17 ② 정답

18 원료 투입부터 제품 생산까지 각각의 공정을 순서대로 도식화한 자료는?

① 제조 공정서
② 제조 공정도
③ 제조 흐름도
④ 제조 설명서

해설

- 제조 공정도 : 원료 투입부터 생산까지 각각의 공정을 순서대로 도식화한 자료
- 제조 공정서 : 제품을 만드는 설명서로서 사용하는 원료 배합 비율, 반죽하는 방법, 분할과 성형 방법 등 자세하게 생산 방법이 기술되어 작업자가 활용할 수 있도록 정보를 제공하는 자료

19 품질을 개선하기 위한 원인 분석에 대한 설명으로 옳지 않은 것은?

① 생산을 위해 평소에 사용하던 원료에 문제가 발생했을 때를 원료 문제라고 한다.
② 문제가 발생하면 원인이 무엇인지 다각도로 분석하고 해결 방안을 찾아야 한다.
③ 단순 문제를 해결하기 위해서는 제품과 현장의 특징을 세세하게 파악하고 있어야 한다.
④ 작업자들의 부족한 숙련도나 부주의로 인해 문제가 발생했을 때를 작업자 문제라 한다.

해설

단순 문제는 발생한 현상만을 가지고도 직관적으로 원인을 파악하여 해결이 가능하다. 그러나 복합적인 원인으로 발생한 문제에 대해서는 원인 파악이 쉽지 않기 때문에 현장에 대해 관심을 가지고 제품과 현장의 특징을 잘 알고 있어야 한다.

20 밀가루 반죽을 잡아당겨 반죽이 끊어질 때까지의 신장력, 신장 저항, 끈기, 점도 등을 측정하는 그래프는?

① 믹소그래프
② 아밀로그래프
③ 익스텐소그래프
④ 패리노그래프

해설

① 믹소그래프 : 반죽의 형성 및 글루텐 발달 정도를 측정
② 아밀로그래프 : 반죽의 점성도, 즉 전분의 호화력을 측정
④ 패리노그래프 : 글루텐의 흡수율, 글루텐의 질, 반죽의 내구성, 믹싱시간을 측정

정답 18 ② 19 ③ 20 ③

제 2 과목 제과점 관리

21 달걀을 서서히 가열하면 반투명하게 되면서 굳게 되는 성질을 무엇이라고 하는가?

① 기포성
② 유화성
③ 저장성
④ 열응고성

해설
달걀의 단백질을 서서히 가열하면 반투명해지면서 굳게 되는데 이러한 성질을 열응고성이라고 한다.

22 원심분리법으로 유지를 우유에서 분리하여 제거한 우유로, 지방이 0.5% 정도 함유되어 있는 가공 우유는?

① 탈지유
② 저지방유
③ 전지분유
④ 유당분해우유

해설
② 저지방유 : 우유의 지방을 부분적으로 탈지하여 지방 함량이 0.5~2%가 되도록 만든 것
③ 전지분유 : 살균 처리한 우유 전체를 진공 상태에서 수분의 2/3를 증발시킨 후 80~130℃로 가열된 열풍 속에서 스프레이 분무하면서 건조시킨 것
④ 유당분해우유 : 원유나 우유 또는 저지방 우유를 유당분해효소로 처리하여 유당을 1% 이하로 분해한 후에 멸균 처리한 것

21 ④ 22 ① 정답

23 과일의 조리에서 열의 영향을 가장 많이 받는 수용성 비타민으로, 부족하면 괴혈병을 유발하는 영양소는?

① 비타민 C
② 비타민 A
③ 비타민 B_1
④ 비타민 E

해설
비타민 C는 열이나 빛, 물과 산소 등에 쉽게 파괴된다.

24 실온 저장 관리 방법에 대해 잘못 설명한 것은?

① 방충·방서시설, 통풍·환기시설을 구비한다.
② 먼저 입고된 것부터 먼저 꺼내어 사용하도록 한다.
③ 재료 보관 선반은 바닥과 벽에 붙여 안전하게 설치한다.
④ 재료 겉면에 수령 일자가 잘 보이도록 표시한다.

해설
적절한 식품의 품질을 유지할 수 있도록 보관 선반은 바닥과 벽으로부터 15cm 이상 떨어뜨려 설치하는 것이 좋다.

25 식품 검수 방법의 연결이 틀린 것은?

① 화학적 방법 – 영양소의 분석, 첨가물·유해성분 등을 검출하는 방법
② 검경적 방법 – 식품의 중량, 부피, 크기 등을 측정하는 방법
③ 물리학적 방법 – 식품의 비중, 경도, 점도, 빙점 등을 측정하는 방법
④ 생화학적 방법 – 효소반응, 효소 활성도, 수소이온농도 등을 측정하는 방법

해설
검경적 방법 : 현미경 등을 이용하여 식품의 세포나 조직의 모양, 협잡물, 미생물의 존재를 판정한다.

정답 23 ① 24 ③ 25 ②

26 밀가루 분류 기준으로 적절한 것은?

① 지방 함량
② 비타민 함량
③ 탄수화물 함량
④ 단백질 함량

해설
밀가루는 글루텐 함량에 따라 강력분, 중력분, 박력분으로 나뉜다.

27 제빵에서의 설탕의 기능을 잘못 설명한 것은?

① 제품의 노화를 지연시킨다.
② 제품의 조직, 가공, 속결을 부드럽게 향상시킨다.
③ 제품에 풍미 및 감미를 제공한다.
④ 갈변반응 및 캐러멜화 반응을 지연시킨다.

해설
설탕은 갈변반응과 캐러멜화 반응에 의해 껍질 색을 형성한다.

28 냉장 저장 관리 방법에 대해 잘못 설명한 것은?

① 냉장고 내부에 온도계와 습도계를 부착하고 주기적으로 확인한다.
② 냉장고 용량의 90% 이상으로 식품을 보관한다.
③ 개봉한 후 일부 사용한 제품은 소독된 용기에 옮겨 담아 보관한다.
④ 뚜껑을 덮어 낙하물질로부터 오염을 방지하도록 한다.

해설
냉장고 용량의 70% 이하로 식품을 보관한다.

26 ④ 27 ④ 28 ② 정답

29 소비기한에 영향을 미치는 내부적 요인은?

① 제조 공정
② 포장방법
③ 제품의 배합
④ 소비자 취급

해설
소비기한에 영향을 미치는 내부적 요인으로는 원재료, 제품의 배합 및 조성, 수분 함량 및 수분활성도, pH 및 산도, 산소의 이용성 및 산화 환원 전위가 있다.

30 아미노산에 대한 설명으로 틀린 것은?

① 식품 단백질을 구성하는 아미노산은 20종류가 있다.
② 아미노기는 산성을, 카르복실기(Carboxyl Group, 카복시기)는 염기성을 나타낸다.
③ 단백질을 구성하는 아미노산은 거의 L-형이다.
④ 아미노산은 물에 녹아 중성을 띤다.

해설
아미노기는 염기성을, 카르복실기는 산성을 나타낸다.

31 어떤 단백질의 질소 함량이 18%라면 이 단백질의 질소계수는 약 얼마인가?

① 5.56
② 6.22
③ 6.88
④ 7.14

해설
질소계수 = 100 / 질소함량 = 100 / 18 = 5.56

정답 29 ③ 30 ② 31 ①

32 다음 중 어떤 무기질이 결핍되면 근육 경련, 얼굴 경련이 발생될 수 있는가?

① 인
② 칼슘
③ 아이오딘
④ 마그네슘

해설
① 인 : 결핍 시 골격과 치아의 발육 불량 등이 나타난다.
② 칼슘 : 결핍 시 골다공증, 골격과 치아의 발육 불량 등이 나타난다.
③ 아이오딘 : 결핍 시 갑상선종, 크레틴병이 발생한다.

33 다음 당류 중에 가장 단맛이 강한 것은?

① 과당
② 유당
③ 설탕
④ 맥아당

해설
당질의 감미도 : 과당 > 전화당 > 설탕 > 포도당 > 맥아당 > 유당

34 호밀의 구성 물질이 아닌 것은?

① 단백질
② 펜토산
③ 지방
④ 전분

해설
호밀은 단백질 14%, 펜토산 8%, 나머지는 전분으로 구성되어 있다.

32 ④ 33 ① 34 ③ 정답

35 이스트에 대한 설명으로 옳지 않은 것은?

① 이스트의 종류는 생이스트, 건조 이스트, 인스턴트 이스트가 있다.

② 이스트에 들어 있는 대표적인 효소에는 프로테이스, 라이페이스, 말테이스 등이 있다.

③ 좋은 이스트는 극히 약한 냄새가 나며, 부패한 신맛 또는 쓴맛이 나는 것은 오래된 것이다.

④ 생이스트는 실온에서 1년 정도 사용할 수 있다.

해설

생이스트의 소비기한은 냉장에서 제조일로부터 약 2~3주로, 개봉 후 빨리 사용하도록 한다. 건조 이스트와 인스턴트 이스트의 경우 소비기한은 미개봉 시 약 1년 정도이다.

36 초콜릿 함량이 32%일 때, 코코아의 함량은?

① 10% ② 15%

③ 20% ④ 25%

해설

초콜릿은 코코아 버터 3/8과 코코아 5/8의 비율로 되어 있다.

코코아 = 32 × 5 / 8 = 20%

37 신선한 달걀에 대한 설명으로 옳은 것은?

① 깨뜨려 보았을 때 난황계수가 작은 것

② 흔들어 보았을 때 진동소리가 나는 것

③ 표면이 까칠까칠하고 광택이 없는 것

④ 수양난백의 비율이 높은 것

해설

신선한 달걀은 난황이 봉긋하게 솟아 있고 난백의 높이가 높으며 흰자가 노른자 주위에 분명하게 확인되는 것이다. 흔들어 보았을 때 진동소리가 나지 않아야 하고, 난황계수가 크며, 수양난백의 비율이 낮은 것이 좋다.

정답 35 ④ 36 ③ 37 ③

38 과정적 인사 관리에 대한 설명으로 틀린 것은?

① 인사 계획은 기업의 경영 이념 및 경영 철학과 밀접하게 관련되어 있다.
② 인사 조직은 인사 계획을 구체적으로 실행하기 위한 인사 관리 활동의 체계화 과정이다.
③ 인사 평가는 인적 자원 관리 활동의 실시 결과를 종합적으로 평가하고 정리하는 것이다.
④ 근로 조건 관리는 고용 관리, 개발 관리, 보상 관리, 유지 관리의 합리적인 수행을 위해 필요하다.

해설

근로 조건 관리는 기능적 인사 관리에 속한다.

39 고용이 결정되면 종업원을 직무에 배속시키는 것을 무엇이라 부르는가?

① 이동
② 안내
③ 배치
④ 교양

해설

고용이 결정되면 종업원을 직무에 배속시키는 것을 배치라고 하며, 배치된 종업원을 필요에 의하여 현재의 직무에서 다른 직무로 전환시키는 것을 이동이라고 한다.

40 구체적인 면접 질문지 작성 시 질문 항목의 연결이 올바르지 않은 것은?

① 준비성에 관한 질문 – 우리 회사는 어떤 일을 하고 있는 곳이라고 알고 있습니까?
② 직업관에 관한 질문 – 제과사와 제빵사는 어떤 직업이라고 생각합니까?
③ 재학 중 활동 사항에 관한 질문 – 당신은 청소년기에 어떤 직업을 희망하였습니까?
④ 일상생활에 관한 질문 – 어떤 아르바이트 경험이 있습니까?

해설

"당신은 청소년기에 어떤 직업을 희망하였습니까?"라는 질문은 인생관에 관한 질문이다.

38 ④ 39 ③ 40 ③ 정답

제 3 과목 빵류 제품제조

41 스트레이트법으로 반죽 시 각 빵의 특징으로 옳지 않은 것은?

① 건포도식빵 반죽은 최종단계로 마무리하며, 건포도는 최종단계에서 혼합한다.
② 우유식빵은 설탕 함량이 10% 이하의 저율 배합이며, 물 대신 우유를 사용한다.
③ 옥수수식빵 반죽은 최종단계 초기로 일반 식빵의 80% 정도까지 반죽한다.
④ 쌀식빵 반죽은 최종단계로 마무리하며, 반죽 온도는 27℃ 정도로 맞춘다.

해설

쌀식빵 반죽은 쌀가루가 포함되어 일반 식빵에 비하여 글루텐을 형성하는 단백질이 부족하므로 발전단계 후기로 일반 식빵의 80% 정도까지 반죽한다.

42 스트레이트법에서 변형된 방법으로, 이스트의 사용량을 늘려 발효 시간을 단축시키는 방법은?

① 액종법
② 스펀지 도우법
③ 사워 도우법
④ 비상스트레이트법

해설

① 액종법 : 사용하는 가루의 일부, 물, 이스트를 반죽하여 발효종을 만들고 여기에 나머지 가루와 재료를 더해 본반죽을 완성시키는 반죽법이다.
② 스펀지 도우법 : 재료의 일부를 사용하여 스펀지 반죽을 만들어 발효를 거친 다음, 나머지 재료를 혼합하여 본반죽을 완성시키는 반죽법이다.
③ 사워 도우법 : 산미를 띤 발효 반죽으로 신 반죽이라고도 하며, 독특한 풍미가 있어 유럽빵, 특히 호밀을 이용한 빵을 만들 때 사용한다.

정답 41 ④ 42 ④

43 수돗물 온도 26℃, 사용할 물의 온도 21℃, 사용할 물의 양이 5.3kg일 때, 얼음 사용량은?

① 200g ② 250g
③ 300g ④ 350g

해설

얼음 사용량 = 물 사용량 × (수돗물 온도 − 사용수 온도) / (80 + 수돗물 온도)
= 5,300 × (26 − 21) / (80 + 26) = 250(g)

44 스펀지 도우법 중 생산력이 부족하거나 협소한 공간에서 여러 가지 작업을 진행할 경우 사용되는 방법은?

① 표준 스펀지법
② 단시간 스펀지법
③ 장시간 스펀지법
④ 오버나이트 스펀지법

해설

오버나이트 스펀지법은 12~24시간 발효하며 발효 손실이 가장 크지만, 제품은 풍부한 발효향을 지닌다.
① 표준 스펀지법 : 4시간 발효
② 단시간 스펀지법 : 2시간 발효
③ 장시간 스펀지법 : 8시간 발효

45 다음 중 액종법 반죽에 주로 사용되는 발효종이 아닌 것은?

① 호두종
② 사과종
③ 건포도종
④ 요거트종

해설

액종법은 과일이나 기타 과당이 많이 함유된 과일을 주로 사용하며, 건포도종, 사과종 또는 유산균이 함유된 요거트종 등이 있다.

43 ② 44 ④ 45 ① 정답

46 다음 중 전처리 방법으로 옳지 않은 것은?

① 견과류는 조리 전에 살짝 구워 준다.
② 드라이 이스트는 밀가루에 잘게 부수어 넣고 혼합하여 사용하거나 물에 녹여 사용한다.
③ 건포도가 잠길 만큼 물을 부어 10분 정도 담가뒀다 체에 받쳐서 사용한다.
④ 유지는 냉장고나 냉동고에서 미리 꺼내어 실온에서 부드러운 상태로 만든 후 사용하는 것이 좋다.

해설

- 생이스트는 밀가루에 잘게 부수어 넣고 혼합하여 사용하거나 물에 녹여 사용한다.
- 드라이 이스트는 중량의 5배 정도의 미지근한 물에 풀어서 사용한다.

47 초콜릿 장식물 제조 시 유의사항으로 옳지 않은 것은?

① 초콜릿을 작업할 때는 작업실의 온도가 20~24℃가 되도록 한다.
② 템퍼링 할 초콜릿이 1kg 이하인 경우 수랭법으로 템퍼링 한다.
③ 초콜릿을 중탕하기 쉽도록 작게 자른다.
④ 템퍼링이 잘되었는지 종이에 찍어서 확인한다.

해설

초콜릿을 작업할 때는 작업실의 온도가 18~20℃가 되도록 한다.

48 다음 ㉠과 ㉡에 들어갈 알맞은 말은?

> 사워 반죽은 인공 배양한 (㉠)을 이용하기 시작한 근대의 발효 반죽법이 확립되기 이전에 공기 중에 자연히 존재하는 (㉡)을 이용하여 발효 반죽을 만들기 시작한 것이 시초이다.

① ㉠ 유산균, ㉡ 이스트균
② ㉠ 유산균, ㉡ 젖산균
③ ㉠ 이스트균, ㉡ 효모균
④ ㉠ 효모균, ㉡ 젖산균

해설

사워 반죽은 인공 배양한 이스트균을 효모 대신 이용하기 시작한 근대의 발효 반죽법이 확립되기 이전에 공기 중에 자연히 존재하는 효모균을 이용하여 발효 반죽을 만들기 시작한 것이 시초이다.

정답 46 ② 47 ① 48 ③

49 건포도식빵 반죽의 최종단계에 알맞은 반죽 온도는?

① 20℃
② 23℃
③ 27℃
④ 31℃

해설
건포도식빵 반죽은 최종단계로 마무리하며, 반죽 온도는 27℃ 정도로 맞춘다.

50 요거트 발효종을 만드는 방법으로 적절한 것은?

① 요거트종은 과당이 적어 발효력이 약하다.
② 요거트는 설탕이 들어 있는 요거트를 사용하는 것이 좋다.
③ 요거트 발효종은 상태에 따라 5~10일 정도 발효시킨 후 사용이 가능하다.
④ 용기 위에 뚜껑이나 랩을 씌우고 구멍을 뚫고, 25~28℃ 온도에서 발효시킨다.

해설
① 요거트종의 경우 살아 있는 젖산균이 들어 있어 발효력이 강하다.
② 요거트는 설탕이나 기타 첨가물이 없는 플레인 요거트를 사용한다.
③ 요거트 내에 있는 젖산균에 의해 액종을 만들어 2~3일 발효시킨 후 바로 사용이 가능하다.

51 스펀지 반죽을 할 때 발효의 조건을 바르게 나열한 것은?

① 일반적으로 19~24℃, 70~80%, 3~5시간
② 일반적으로 24~29℃, 50~70%, 1~3시간
③ 일반적으로 19~24℃, 50~70%, 1~3시간
④ 일반적으로 24~29℃, 70~80%, 3~5시간

해설
스펀지 반죽의 발효는 24~29℃, 70~80%의 발효실에서 3~5시간 진행한다. 하지만 장시간 발효하는 오버나이트법은 실온에서 진행하기도 한다.

49 ③ 50 ④ 51 ④ 정답

52 스펀지 반죽의 발효에 대해 잘못 설명한 것은?

① 장시간 진행되므로 최대점까지 팽창하였다가 다시 수축하는 현상이 발생한다.
② 팽창하였다가 다시 수축한 반죽은 부드러운 거미줄과 같은 망상 구조를 가진다.
③ 반죽에 새로운 산소를 공급하고 이스트의 활성을 높이기 위해 펀치를 한다.
④ 스펀지 반죽의 발효는 수정이 불가능하기 때문에 신중하게 진행해야 한다.

해설

스펀지 반죽의 발효는 스펀지 반죽법의 전체 발효에서 크게 영향을 미치지 않는다. 이는 스펀지 반죽의 양과 온도, 발효 조건 등에 따른 시간 조절이 가능하고 부족한 부분은 본반죽의 발효에서 교정이 가능하기 때문이다.

53 옥수수식빵 반죽에 대해 잘못 설명한 것은?

① 일반 식빵의 80% 정도까지만 반죽한다.
② 일반 식빵에 비하여 글루텐을 형성하는 단백질이 부족하다.
③ 반죽을 지나치게 하면 반죽이 끈끈해진다.
④ 반죽을 부족하게 하면 글루텐 막이 쉽게 찢어진다.

해설

옥수수식빵 반죽을 지나치게 하면 반죽이 끈끈해지고 글루텐 막이 쉽게 찢어진다.

54 더치빵 반죽에 대해 잘못 설명한 것은?

① 발효시킨 쌀가루 반죽을 토핑으로 사용한다.
② 반죽은 최종단계 후기로 마무리한다.
③ 반죽 온도는 27℃ 정도로 맞춘다.
④ 글루텐 피막이 거칠게 늘어나는 상태에서 반죽을 마무리한다.

해설

더치빵 반죽은 발전단계 후기로 마무리하며, 반죽 온도는 27℃ 정도로 맞춘다.

정답 52 ④ 53 ④ 54 ②

55 베이글 반죽에 대해 잘못 설명한 것은?

① 링 모양으로 성형한다.
② 반죽은 발전단계 후기로 마무리한다.
③ 반죽 온도는 20℃ 정도로 맞춘다.
④ 밀가루는 강력분을 사용한다.

해설

베이글 반죽은 링 모양으로 성형하며, 반죽은 발전단계 후기로 마무리하며, 반죽 온도는 27℃ 정도로 맞춘다.

56 스트레이트법을 비상스트레이트법으로 변경할 때의 조치사항을 바르게 설명한 것은?

① 생이스트 사용량 2배 증가
② 반죽 온도 24℃
③ 설탕 사용량 2% 증가
④ 반죽 시간 20~25% 감소

해설

② 반죽 온도 30℃
③ 설탕 사용량 1% 감소
④ 반죽 시간 20~25% 증가

57 빵류 제품의 반죽 정형 시 중간 발효에 대해 잘못 설명한 것은?

① 온도 27~29℃, 습도 75% 전후에서 진행한다.
② 일반적으로 10~20분 정도 진행한다.
③ 중간 발효는 반죽의 크기와 상관없이 일정한 시간 동안 진행한다.
④ 만드는 수량이 많으면 성형하는 시간이 오래 걸리므로 중간 발효 시간을 짧게 한다.

해설

일반적으로는 중간 발효는 반죽의 크기가 중요한 요인으로 작용하기 때문에 똑같은 반죽이라도 큰 반죽일수록 중간 발효를 길게 한다.

55 ③ 56 ① 57 ③ 정답

58 튀김 기름의 조건으로 옳지 않은 것은?

① 열 안정성이 높을 것
② 색이 진하고 불투명한 것
③ 가열했을 때 연기가 나지 않을 것
④ 가열했을 때 거품이 생기지 않을 것

해설

튀김유의 조건
- 색이 연하고 투명하고 광택이 있는 것
- 냄새가 없고, 기름 특유의 원만한 맛을 가질 것
- 가열했을 때 냄새가 없고 거품의 생성이나 연기가 나지 않을 것
- 열 안정성이 높을 것

59 페이스트리 반죽에 대해 잘못 설명한 것은?

① 반죽 온도는 20~22℃ 정도가 되도록 한다.
② 반죽은 발전단계 초기로 마무리한다.
③ 성형 시 완제품의 균일한 모양을 위해 가스 빼기를 실시한다.
④ 일반적인 페이스트리 1차 발효는 반죽을 비닐에 싸서 실온이나 냉장고에 두는 휴지로 대체할 수 있다.

해설

페이스트리 반죽은 발효 시간이 짧으므로 별도의 가스 빼기는 실시하지 않으며, 반죽의 온도가 높아지지 않도록 발효기의 온도와 습도 설정에 주의한다.

60 지름 22cm, 높이 8cm인 원형 팬의 용적은?

① $176\pi cm^3$
② $352\pi cm^3$
③ $968\pi cm^3$
④ $3,878\pi cm^3$

해설

원형 팬의 용적 = 반지름 × 반지름 × 높이 × π(3.14)
= 11cm × 11cm × 8cm × π(3.14)
= $968\pi cm^3$

정답 58 ② 59 ③ 60 ③

제빵산업기사 최종모의고사

제 1 과목 위생안전관리

01 물 4L에 락스를 넣어 200ppm의 소독액을 만들려면 락스가 얼마나 필요한가?(단, 락스의 유효 잔류 염소 농도는 4%이고, 1% = 10,000ppm이다)

① 20mL ② 30mL
③ 40mL ④ 50mL

해설

$$\text{희석농도(ppm)} = \frac{\text{소독액의 양(mL)}}{\text{물의 양(mL)}} \times \text{유효 잔류 염소 농도(\%)}$$

$$200(\text{ppm}) = \frac{x(\text{mL})}{4{,}000(\text{mL})} \times 4 \times 10{,}000$$

200ppm의 소독액을 만들기 위해 필요한 락스는 20mL이다.

02 위생복 관리 및 착용으로 옳지 않은 것은?

① 위생복의 상의와 하의는 더러움을 쉽게 확인할 수 있도록 흰색이나 옅은 색상이 좋다.
② 도난을 방지하기 위하여 시계, 반지, 팔찌 등의 장신구는 착용하도록 한다.
③ 작업장 입구에 설치된 에어 샤워 룸에서 위생복에 묻어 있는 이물질이나 미생물을 최종적으로 제거한다.
④ 작업이 끝나면 위생복과 외출복은 구분된 옷장에 보관하여 교차오염을 방지한다.

해설

식품 취급자는 위생복을 착용하기 전에 시계, 반지, 팔찌, 목걸이, 귀고리 등과 같은 모든 장신구를 제거한다. 장신구를 착용할 경우 재료나 이물질이 끼어 세균 증식의 요인이 될 뿐만 아니라, 작업에 지장을 초래하고 기구나 기계류 취급 시 안전사고의 위험 요인이 될 수 있다.

정답 1 ① 2 ②

03 베이커리 업계에서 사용하고 있는 퍼센트로 밀가루 사용량을 100을 기준으로 한 비율은?

① 백분율

② 베이커스 퍼센트

③ 트루 퍼센트

④ 배합표 퍼센트

해설

베이커스 퍼센트란 밀가루 사용량을 100을 기준으로 한 비율이다. 베이커스 퍼센트를 사용하면, 백분율을 사용할 때보다 배합표 변경이 쉽고 변경에 따른 반죽의 특성을 짐작할 수 있다.

04 실내 온도 25℃, 밀가루 온도 23℃, 수돗물 온도 22℃, 마찰 계수 22일 때, 희망하는 반죽 온도를 28℃로 만들려면 사용해야 될 물의 온도는?

① 14℃ ② 18℃

③ 22℃ ④ 26℃

해설

사용할 물의 온도 = 반죽 희망 온도 × 3 − (실내 온도 + 밀가루 온도 + 마찰 계수)

= 28 × 3 − (25 + 23 + 22) = 84 − 70 = 14℃

05 일반적으로 양질의 빵 속을 만들기 위한 아밀로그래프의 범위는?

① 0~150BU ② 200~300BU

③ 400~600BU ④ 800~1,000BU

해설

녹말의 물에 의한 팽윤, 가열에 의한 호화, 파괴되는 상태, 점도의 차이 및 노화 등 현탁액의 특성 변화를 아밀로그래프라는 계측 장치로 측정하여 아밀레이스의 활성을 알 수 있다. 일반적으로 양질의 빵 속을 만들기 위한 아밀로그래프 수치의 범위는 400~600BU가 적당하다.

※ BU : Brabender Units(B.U.)

정답 3 ② 4 ① 5 ③

06 도우 컨디셔너에 대한 설명으로 옳지 않은 것은?

① 냉장, 냉동, 해동, 2차 발효를 프로그래밍에 의해 자동적으로 조절하는 기계이다.
② 계획 생산을 할 수 있다.
③ 연장 근무를 하지 않아도 필요한 시간에 빵을 구워낼 수 있다.
④ 정밀 온도 시스템으로 효모균의 배양과 휴식을 세심하게 관리할 수 있다.

해설
정밀 온도 시스템으로 효모균의 배양과 휴식을 세심하게 관리할 수 있는 것은 르방 프로세서이다.

07 다음 중 조리사 면허를 발급 받을 수 있는 자는?

① 마약중독자
② 감염병예방법에 따른 감염병환자
③ B형간염환자
④ 조리사 면허의 취소처분을 받고 그 취소된 날부터 1년이 지나지 아니한 자

해설
결격사유(식품위생법 제54조)
다음 어느 하나에 해당하는 자는 조리사 면허를 받을 수 없다.
- 정신질환자. 다만, 전문의가 조리사로서 적합하다고 인정하는 자는 그러하지 아니하다.
- 감염병환자. 다만, B형간염환자는 제외한다.
- 마약이나 그 밖의 약물 중독자
- 조리사 면허의 취소처분을 받고 그 취소된 날부터 1년이 지나지 아니한 자

08 식품위생 수준 및 자질의 향상을 위해 조리사 및 영양사에게 교육을 받을 것을 명할 수 있는 자는?

① 보건소장
② 보건복지부장관
③ 식품의약품안전처장
④ 시장・군수・구청장

해설
교육(식품위생법 제56조 제1항)
식품의약품안전처장은 식품위생 수준 및 자질의 향상을 위하여 필요한 경우 조리사와 영양사에게 교육을 받을 것을 명할 수 있다. 다만, 집단급식소에 종사하는 조리사와 영양사는 1년마다 교육을 받아야 한다.

6 ④ 7 ③ 8 ③ 정답

09 식품위생법으로 정의한 식품첨가물에 해당하는 것은?

① 식품에 들어 있는 영양소의 양 등 영양에 관한 정보를 표시하는 것
② 화학적 수단으로 원소 또는 화합물에 분해반응 외의 화학반응을 일으켜서 얻은 물질
③ 식품을 제조·가공·조리 또는 보존하는 과정에서 감미, 착색, 표백 또는 산화 방지 등을 목적으로 식품에 사용되는 물질
④ 식품을 제조·가공단계부터 판매단계까지 각 단계별로 정보를 기록·관리하여 그 식품의 안전성 등에 문제가 발생할 경우 그 식품을 추적하여 원인을 규명하고 필요한 조치를 할 수 있도록 하는 것

해설

식품첨가물이란 식품을 제조·가공·조리 또는 보존하는 과정에서 감미, 착색, 표백 또는 산화 방지 등을 목적으로 식품에 사용되는 물질을 말한다. 이 경우 기구·용기·포장을 살균·소독하는 데에 사용되어 간접적으로 식품으로 옮아갈 수 있는 물질을 포함한다(식품위생법 제2조 제2호).

10 식품의 제조 공정 중에 발생하는 거품을 제거하기 위해 사용되는 첨가물은?

① 살균제 ② 소포제
③ 표백제 ④ 발색제

해설

① 살균제 : 식품의 부패 원인균 또는 감염병 등의 병원균을 사멸시키기 위하여 사용되는 첨가물
③ 표백제 : 식품의 본래의 색을 없애거나 퇴색을 방지하기 위하여 사용하는 첨가물
④ 발색제 : 식품의 색을 고정하거나 선명하게 하기 위한 첨가물

11 다음 중 유해성 식품첨가물이 아닌 것은?

① 소브산 ② 아우라민
③ 둘신 ④ 론갈리트

해설

소브산은 허용된 보존료, 아우라민은 유해성 착색료, 둘신은 유해성 감미료, 론갈리트는 유해성 표백제에 해당한다.

정답 9 ③ 10 ② 11 ①

12 수인성 감염병의 특징이 아닌 것은?

① 모든 계층과 연령에서 발생한다.

② 2차 감염률, 치명률, 발병률이 높다.

③ 환자가 폭발적으로 발생한다.

④ 동일 음료수 사용을 금지 또는 개선함으로써 피해를 줄일 수 있다.

해설

수인성 감염병의 특징
- 유행 지역과 음료수 사용 지역이 일치한다.
- 환자가 폭발적으로 발생한다.
- 치명률, 발병률이 낮다.
- 2차 감염률이 낮다.
- 모든 계층과 연령에서 발생한다.
- 동일 음료수 사용을 금지 또는 개선함으로써 피해를 줄일 수 있다.

13 식중독 발생 시 즉시 취해야 할 행정적 조치는?

① 역학조사

② 연막소독

③ 식중독 발생신고

④ 원인 식품의 폐기처분

해설

식중독에 관한 조사 보고(식품위생법 제86조 제1항)
다음의 어느 하나에 해당하는 자는 지체 없이 관할 특별자치시장・시장・군수・구청장에게 보고하여야 한다. 이 경우 의사나 한의사는 대통령령으로 정하는 바에 따라 식중독 환자나 식중독이 의심되는 자의 혈액 또는 배설물을 보관하는 데에 필요한 조치를 하여야 한다.
- 식중독 환자나 식중독이 의심되는 자를 진단하였거나 그 사체를 검안한 의사 또는 한의사
- 집단급식소에서 제공한 식품 등으로 인하여 식중독 환자나 식중독으로 의심되는 증세를 보이는 자를 발견한 집단급식소의 설치・운영자

12 ② 13 ③ 정답

14 다수인이 밀집한 곳의 실내 공기가 물리 · 화학적 조성의 변화로 불쾌감, 두통, 권태, 현기증 등을 일으키는 것은?

① 빈혈
② 진균독
③ 군집독
④ 산소중독

해설

군집독의 예방방법으로는 환기가 가장 좋다.

15 맥각중독을 일으키는 원인 물질은?

① 파툴린
② 루브라톡신
③ 오크라톡신
④ 에르고톡신

해설

맥각중독을 일으키는 것은 보리, 밀, 호밀에 기생하는 독소로 에르고톡신, 에르고타민 등이다.

16 카드뮴 만성중독의 주요 3대 증상이 아닌 것은?

① 단백뇨
② 폐기종
③ 녹내장
④ 신장기능 장애

해설

카드뮴 중독 시 이타이이타이병이 유발되며, 주증상으로는 폐기종, 신장장애, 단백뇨, 골연화증 등이 있다.

17 식품 위해요소 중점관리기준으로 식품의 안정성 확보를 위한 시스템은?

① HACCP
② ISO
③ WG 8
④ TC 34

해설

HACCP : 식품 위해요소 중점관리기준이라고 한다. 식품의 안정성 확보를 위한 시스템으로 원료와 공정에서 발생 가능한 생물학적, 화학적, 물리적 위해요소를 분석하여 이를 예방, 제거 또는 허용 수준 이하로 감소시킬 수 있는 공정이나 단계를 말한다.

정답 14 ③ 15 ④ 16 ③ 17 ①

18 다음 중 HACCP의 7원칙이 아닌 것은?

① 위해요소 분석
② 개선 조치 및 방법 수립
③ 검증 절차 및 방법 수립
④ 공정 흐름도 작성

해설
'공정 흐름도 작성'은 HACCP의 12단계 7원칙 중 준비단계에 속한다.

19 품질 관리에 대한 설명으로 옳지 않은 것은?

① 원료를 잘 관리하기 위해서는 원료가 입고되는 순간부터 사용하기 전까지의 모든 이력을 기록해야 한다.
② 품질을 관리하기 위해서는 크게 원료 관리, 공정 관리 등 두 가지 단계를 중점적으로 관리한다.
③ 생산에 필요한 설비를 파악하고 관리 기준을 설정하도록 한다.
④ 제조 공정도 및 제조 공정서를 작성하여 공정 관리를 실시한다.

해설
품질을 관리하기 위해서는 크게 원료 관리, 공정 관리, 상품 관리의 세 가지 단계를 중점적으로 관리한다.

20 일반적인 염소계 살균 소독제의 농도는?

① 50ppm
② 100ppm
③ 150ppm
④ 200ppm

해설
일반적으로 염소계 살균 소독제와 4급 암모늄계 살균 소독제의 경우는 200ppm, 아이오딘계 살균 소독제의 경우는 25ppm으로 희석하여 사용한다.

18 ④ 19 ② 20 ④ 정답

제 2 과목 제과점 관리

21 연수에 대한 설명으로 옳지 않은 것은?

① 경도 60ppm 이하의 단물이다.
② 반죽 사용 시 발효 속도가 빠르다.
③ 반죽 사용 시 가수량이 감소한다.
④ 반죽이 되고 가스 보유력이 강하다.

해설
반죽 시 연수를 사용하면 글루텐을 약화시켜 반죽이 연하고 끈적거리나 발효 속도는 빠르다. 또한 가스 보유력이 떨어진다.

22 우유를 가열할 때 용기 바닥이나 옆에 눌어붙은 것은 주로 어떤 성분인가?

① 카세인　② 유청
③ 레시틴　④ 유당

해설
우유를 가열할 때 용기 바닥에 눌어붙는 이유는 유청 때문이다.

23 밀가루 제품의 가공 특성에 가장 큰 영향을 미치는 것은?

① 라이신　② 글로불린
③ 트립토판　④ 글루텐

해설
밀가루에 들어 있는 글루텐은 불용성 단백질로 글루텐 함량에 따라 박력분, 중력분, 강력분으로 나뉜다.

정답 21 ④ 22 ② 23 ④

24 다음 중 황 함유 아미노산은?

① 메티오닌
② 프롤린
③ 글리신
④ 트레오닌

해설
메티오닌은 황을 함유하는 알파-아미노산의 일종으로 필수 아미노산 중 하나이다.

25 다음 중 물에 녹는 비타민은?

① 레티놀
② 토코페롤
③ 티아민
④ 칼시페롤

해설
수용성 비타민 : 티아민(비타민 B_1), 리보플라빈(비타민 B_2), 피리독신(비타민 B_6), 아스코브산(비타민 C)

26 유지의 산패에 영향을 미치는 인자에 대한 설명으로 옳은 것은?

① 유지의 불포화도가 낮을수록 산패가 활발하게 일어난다.
② 광선 중 자외선은 산패에 영향을 미치지 않는다.
③ 구리, 납, 알루미늄 등 금속은 유지 및 지방산의 자동 산화를 촉진시킨다.
④ 저장 온도가 0℃ 이하가 되면 산패가 방지된다.

해설
① 유지의 불포화도가 높을수록 산패가 활발하게 일어난다.
② 광선 및 자외선에 가까운 파장의 광선은 유지의 산패를 강하게 촉진시킨다.
④ 저장 온도를 아무리 낮추어도 산패를 완전히 차단할 수는 없다.

24 ① 25 ③ 26 ③ 정답

27 제빵에서 원가 상승의 원인이 아닌 것은?

① 창고에 장기 누적 및 사장 자재 발생
② 수요 창출에 역행하는 신제품 개발
③ 자재 선입선출 방식 실시
④ 다품종 소량 생산의 세분화 전략

해설
재료의 사용 시 선입선출 기준에 따라 관리하면, 재료의 효율적 사용 및 재고 물량 발생을 줄일 수 있다.

28 아밀로스는 아이오딘 용액에 의해 무슨 색으로 변하는가?

① 적자색
② 청색
③ 황색
④ 갈색

해설
아밀로스는 아이오딘 용액에 의해 청색 반응을, 아밀로펙틴은 아이오딘 용액에 의해 적자색 반응을 나타낸다.

29 하루 필요 열량이 2,700kal일 때 이 중 14%에 해당하는 열량을 지방에서 얻으려 한다. 이때 필요한 지방의 양은?

① 36g
② 42g
③ 94g
④ 81g

해설
2,700kcal의 14%는 378kcal이다. 지방은 1g당 9kcal를 내므로 378kcal를 내기 위해서는 지방 42g이 필요하다.

정답 27 ③ 28 ② 29 ②

30 비타민과 생체에서의 주요 기능이 잘못된 것은?

① 비타민 B_1 – 당질대사의 보조 효소
② 나이아신 – 항펠라그라 인자
③ 비타민 K – 항혈액응고 인자
④ 비타민 A – 항빈혈인자

비타민 A는 야맹증 예방, 세포성장 촉진, 점막 보호, 황산화 기능 세포를 보호한다.

31 일생 동안 계속 투여하여도 독성이 나타나지 않는 무독성이 인정되는 최대의 섭취량으로 동물의 체중 kg당 mg으로 표시하는 것은?

① 최대 무작용량(MNEL)
② 사람의 1일 섭취 허용량(ADI)
③ 반수 치사량
④ 치사량

해설

② 사람의 1일 섭취 허용량(ADI) : 일생 동안 섭취하여도 건강 장애가 일어나지 않을 것으로 예상되는 물질의 양
③ 반수 치사량 : 실험 대상인 동물 집단의 절반이 죽는 데 필요한 시험 물질의 1회 투여량
④ 치사량 : 생체를 죽음에 이르게 할 정도로 많은 약물의 양

32 비터 초콜릿 원액 속에 포함된 카카오 버터의 함량은?

① 3/8
② 4/8
③ 5/8
④ 7/8

해설

초콜릿은 코코아 62.5%, 카카오 버터 37.5%, 유화제 0.2~0.8%로 구성된다.

30 ④ 31 ① 32 ① 정답

33 전분의 호화와 점성에 대한 설명 중 틀린 것은?

① 곡류는 서류보다 호화온도가 높다.
② 수분 함량이 많을수록 빨리 호화된다.
③ 높은 온도는 호화를 촉진시킨다.
④ 산 첨가는 가수분해를 일으켜 호화를 촉진시킨다.

해설

전분의 호화는 수분 함량이 많을수록, 온도가 높을수록, 알칼리성일수록 촉진된다.

34 시간이 지남에 따라 달걀에서 나타나는 변화가 아닌 것은?

① 껍질이 반질반질해진다.
② 흰자에서는 황화수소가 검출된다.
③ 흰자의 점성이 커져 끈적끈적해진다.
④ 주위의 냄새를 흡수한다.

해설

신선도가 떨어지면 흰자의 점성이 감소한다.

35 자유수에 대한 설명으로 옳지 않은 것은?

① 반죽에서 용매 역할을 한다.
② 반죽 내에서 쉽게 이동이 가능하다.
③ 0℃ 이하에서 동결, 100℃에서 증발한다.
④ 고분자 물질과 강하게 결합되어 존재한다.

해설

고분자 물질과 강하게 결합되어 존재하는 것은 결합수이다.

정답 33 ④ 34 ③ 35 ④

36 제빵에 쓰이는 당의 역할로 옳지 않은 것은?

① 밀가루 단백질을 강화시킨다.
② 노화를 지연하고 신선도를 오래 유지한다.
③ 이스트가 이용할 수 있는 먹이를 제공한다.
④ 갈변반응과 캐러멜화로 껍질 색을 낸다.

해설

당은 밀가루 단백질을 연화시켜 제품의 조직을 부드럽게 한다.

37 달걀 전란의 수분 함량은?

① 50.5% ② 65%
③ 75% ④ 88%

해설

달걀의 수분 및 고형질 함량
- 달걀 : 수분 75%, 고형질 25%
- 노른자 : 수분 50%, 고형질 50%
- 흰자 : 수분 88%, 고형질 12%

38 식염이 빵 반죽의 물성 및 발효에 있어 미치는 영향으로 적절한 것은?

① 껍질 색을 변하지 않도록 한다.
② 글루텐을 강화시켜 반죽을 견고하고 탄력있게 만든다.
③ 글루텐 막을 두껍게 하여 빵 내부의 기공을 좋게 한다.
④ 반죽의 물 흡수율을 증가시킨다.

해설

① 껍질 색을 조절하여 외피 색이 갈색이 되게 한다.
③ 글루텐 막을 얇게 형성하여 외피를 바삭하게 한다.
④ 식염은 반죽의 물 흡수율을 감소시키므로, 클린업 단계 이후 투입하여야 한다.

36 ① 37 ③ 38 ② 정답

39 배치의 원칙에 대한 설명으로 틀린 것은?

① 적재적소 주의 – 직원의 능력과 성격 등을 고려하여 최적의 직무에 배치해야 한다.
② 능력주의 – 발휘된 능력을 공정하게 평가하고 그에 맞는 적절한 보상을 제공해야 한다.
③ 인재 육성주의 – 현재적 능력뿐만 아니라 잠재적 능력까지도 포함한다.
④ 균형주의 – 모든 구성원에 대해서 평등하게 적재적소에 배치해야 한다.

해설
인재 육성주의 : 직원의 자주성과 자율성을 존중하여 개인의 창조적 능력을 인정하는 인력 관리이다.

40 자재의 품목별 사용금액을 기준으로 하여 자재를 분류하고 그 중요도에 따라 적절한 관리 방식을 도입하여 자재의 관리 효율을 높이는 방안은?

① 정성 주문 방식
② 정량 주문 방식
③ 분석 주문 방식
④ ABC 분석

해설
④ ABC 분석 : 자재의 품목별 사용금액을 기준으로 하여 자재를 분류하고 그 중요도에 따라 적절한 관리 방식을 도입하여 자재의 관리 효율을 높이는 방안이다.
② 정량 주문 방식 : 원재료의 재료량이 줄어들면 일정량을 주문하는 방식이다.

정답 39 ③ 40 ④

제 3 과목 빵류 제품제조

41 '찌기'에서 식품을 가열하기 위해 사용하는 것은?

① 기름
② 연기
③ 수증기
④ 직화

해설
찌기는 수증기를 이용해서 식품을 가열하는 조리이다.

42 빵 반죽을 정형기에 통과시켰을 때 아령 모양으로 되었다면 정형기의 압력상태는?

① 압력이 약하다.
② 압력이 강하다.
③ 압력과는 상관이 없다.
④ 압력이 적당하다.

해설
정형기 압착판의 압력이 강하면 반죽의 모양이 아령 모양이 된다.

43 짤 주머니 사용법에 대해 잘못 설명한 것은?

① 큰 모양을 짤 때는 천 소재의 짤 주머니를 사용하는 것이 좋다.
② 딱딱한 반죽을 짤 때는 비닐 재질의 짤 주머니를 사용하는 것이 좋다.
③ 가는 선 작업을 할 때는 종이 재질의 짤 주머니를 사용하는 것이 좋다.
④ 섬세한 작업을 할 때는 종이 재질의 짤 주머니를 사용하는 것이 좋다.

해설
딱딱한 반죽이나 큰 모양을 짤 때는 천 소재의 짤 주머니를 사용하는 것이 좋으며, 가는 선이나 사인 같은 섬세한 작업을 할 때는 비닐이나 종이 재질의 짤 주머니를 사용하는 것이 좋다.

41 ③ 42 ② 43 ② 정답

44 다음에서 설명하는 오븐의 종류는?

> 오븐 속의 선반이 회전하여 구워지는 오븐으로, 내부 공간이 커서 많은 양의 제품을 구울 수 있다. 주로 소규모 공장이나 대형 매장, 호텔 등에서 사용한다.

① 데크 오븐
② 터널 오븐
③ 컨벡션 오븐
④ 로터리 랙 오븐

해설

① 데크 오븐 : 일반적으로 가장 많이 사용하는 오븐으로, 선반에서 독립적으로 상하부 온도를 조절하여 제품을 구울 수 있다.
② 터널 오븐 : 반죽이 들어가는 입구와 제품이 나오는 출구가 서로 다른 오븐으로, 다양한 제품을 대량 생산할 수 있다.
③ 컨벡션 오븐 : 강력한 팬을 이용하여 고온의 열을 강제 대류시키며 제품을 굽는 오븐이다.

45 빵의 냉각에 관한 설명으로 적절하지 않은 것은?

① 냉각하는 동안 평균 8~10%의 무게가 감소한다.
② 냉각실의 이상적인 습도는 75~85% 정도이다.
③ 냉각실은 아주 깨끗하게 유지해야 한다.
④ 빵의 내부 온도가 35~40℃ 정도 냉각되었을 때 포장한다.

해설

냉각하는 동안 수분 증발로 무게가 감소하는데 냉각 손실은 평균 2% 정도이다. 여름보다 겨울에 냉각 손실이 크며, 냉각 장소 공기의 습도가 낮으면 냉각 손실이 크다.

정답 44 ④ 45 ①

46 스펀지 발효에서 생기는 결함을 없애기 위하여 만들어진 제조법으로 ADMI법이라고도 불리는 제빵법은?

① 액종법
② 비상반죽법
③ 노타임 반죽법
④ 스펀지 도우법

해설
액종법은 스펀지와 같은 역할을 하는 액체 발효종을 만들어 제빵 공정에 활용하는 것을 말한다.

47 제품의 1차 포장과 가장 거리가 먼 설명은?

① 제품과 직접 접촉하는 포장이다.
② 수분, 습기, 광열, 충격 등을 방지한다.
③ 주로 플라스틱 포장재를 사용한다.
④ 선물용, 진열 등을 목적으로 사용한다.

해설
2차 포장은 선물용이나 진열, 장식을 목적으로 사용한다.

48 일반적으로 본반죽이 끝나고 분할하기 전에 발효시키는 플로어 타임의 적정 시간은?

① 10~40분 정도
② 40~70분 정도
③ 1~2시간 정도
④ 2~3시간 정도

해설
플로어 타임 시간은 보통 10분에서 40분 내외로 비교적 짧지만 반죽의 점착성을 줄이고 숙성 정도를 조절하기 위해 꼭 거쳐야 하는 공정이다.

46 ① 47 ④ 48 ① 정답

49 스펀지 반죽을 이용한 본반죽 시 스트레이트법에 비해 반죽 속도를 저속으로 진행하는 이유는?

① 물, 소금, 설탕을 골고루 섞기 위해서
② 스펀지 반죽의 발효 시간을 줄이기 위해서
③ 반죽 온도를 적절하게 유지하기 위해서
④ 부드러워진 글루텐 막이 손상되는 것을 방지하기 위해서

해설
스펀지 반죽을 이용한 본반죽 시 스트레이트법에 비해 반죽 속도를 저속으로 진행한다. 이는 스펀지 반죽 발효 후 부드러워진 글루텐 막이 손상되는 것을 방지하기 위함이다.

50 발효에 영향을 주는 요소를 잘못 설명한 것은?

① 이스트는 발효를 촉진시킨다.
② 밀가루 단백질은 발효를 지연시킨다.
③ 분유는 발효를 지연시킨다.
④ 소금은 효소작용을 촉진시킨다.

해설
소금은 맛의 증강뿐만 아니라 반죽의 탄력성을 증가하여 가스 보존력을 좋게 하고, 효소작용을 억제하며 잡균 번식도 방지한다.

51 2차 발효가 지나칠 경우 나타나는 현상이 아닌 것은?

① 산취
② 조잡한 기공
③ 좋은 저장성
④ 빈약한 조직

해설
2차 발효의 주목적은 이스트에 의한 최적의 가스 발생과 반죽에 최적의 가스가 보유되도록 일치시키는 것이다. 발효가 지나치면 엷은 껍질 색, 조잡한 기공, 빈약한 조직, 산취, 좋지 않은 저장성 등의 문제가 발생한다.

정답 49 ④ 50 ④ 51 ③

52 다음 (　　)에 들어갈 알맞은 말은?

> 분당은 입상형의 설탕을 분쇄하여 미세한 분말로 만든 다음 고운체를 통과시켜서 만든다. 이렇게 만들어진 분당은 미세한 입자 때문에 표면적이 넓어져서 수분을 잘 흡수하여 덩어리가 져서 단단하게 되는 성질이 있다. 이것을 방지하기 위해 분산제로서 3% 정도의 (　　)을 추가하여 만든다.

① 전분　　② 호밀
③ 미분　　④ 통밀

해설
전분은 분산제로서 입상형 설탕인 분당이 덩어리지는 것을 방지해 준다.

53 식힌 시럽을 섞어서 설탕을 일부분 결정화하여 만든 제품은?

① 분당　　② 폰당
③ 앙금　　④ 페이스트

해설
폰당(Fondant)은 폰던트 또는 혼당이라고도 불리며, 식힌 시럽을 섞어서 설탕을 일부분 결정화하여 만든 제품이다.

54 냉각의 목적으로 옳지 않은 것은?

① 곰팡이 등 세균 피해 방지
② 저장성 증대
③ 소화 용이
④ 포장 용이

해설
냉각의 목적
- 곰팡이 등 세균 피해 방지
- 저장성 증대
- 절단 용이
- 포장 용이

52 ① 53 ② 54 ③ 정답

55 빵류 포장재의 조건으로 옳지 않은 것은?

① 위생적 – 포장재는 유해, 유독 성분이 없고 무미, 무취해야 한다.
② 안정성 – 포장재별로 안정성이 다르므로 식품의 특성에 맞는 포장재를 선택, 사용해야 한다.
③ 보호성 – 포장재의 폐기는 환경오염의 원인이 되므로 재활용 마크를 부착하여 포장재를 재사용하거나 재활용하도록 해야 한다.
④ 판매 촉진성 – 포장은 저렴한 비용으로 소비자가 제품에서 청결감을 느끼고, 구입 충동을 느낄 수 있도록 도와준다.

해설

- 보호성 : 포장재는 식품을 제조, 유통, 판매, 구입하는 과정에서 손상되어 내용물이 파손되지 않도록 물리적 강도가 커야 함을 의미한다.
- 환경 친화성 : 포장재의 폐기는 환경오염의 원인이 되므로 재활용 마크를 부착하여 포장재를 재사용하거나 재활용하도록 해야 한다.

56 모카빵 반죽에 넣는 건포도 처리에 대해 잘못 설명한 것은?

① 짧은 시간에 가볍게 혼합한다.
② 반죽에 넣는 건포도는 밀가루를 가볍게 씌워 사용한다.
③ 반죽에서 건포도가 깨지지 않도록 주의한다.
④ 반죽 초반에 건포도를 혼합한다.

해설

건포도는 반죽 완료 직전에 첨가하고, 짧은 시간에 가볍게 섞어 반죽에서 건포도가 깨지지 않도록 한다.

57 반죽에 산소를 혼입시켜 이스트 활동을 증가시키고, 반죽 내에 과량의 이산화탄소가 축적되는 것을 방지하는 것은?

① 펀치　　② 발효
③ 성형　　④ 팬닝

해설

펀치는 반죽에 산소를 혼입시켜 이스트 활성을 증가시키고, 반죽 상태를 고르게 하여 반죽 온도를 일정하게 유지하여 발효가 균일하게 이루어지도록 한다. 또한 반죽 내에 과량의 이산화탄소가 축적되는 것을 제거하여 발효를 촉진한다.

정답 55 ③ 56 ④ 57 ①

58 튀김 기름의 가열에 의한 변화를 잘못 설명한 것은?

① 거품이 형성된다.
② 열로 인해 산화적 산패가 촉진된다.
③ 이물의 증가로 발연점이 점점 높아진다.
④ 메일라드 반응에 의해 갈색 색소를 형성하여 색이 짙어진다.

해설
튀김 기름은 가열에 의해 유리 지방산과 이물의 증가로 발연점이 점점 낮아진다.

59 도넛에서 발한을 제거하는 방법은?

① 도넛에 묻히는 설탕의 양을 감소시킨다.
② 기름을 충분히 예열시킨다.
③ 결착력이 없는 기름을 사용한다.
④ 튀김 시간을 증가시킨다.

해설
발한은 반죽 내부의 수분이 밖으로 배어 나오는 현상으로, 튀김 시간을 줄이면 수분이 더 많아진다.

60 냉동제법에서 혼합(Mixing) 다음 단계의 공정은?

① 해동
② 분할
③ 1차 발효
④ 2차 발효

해설
냉동 반죽법은 1차 발효 또는 성형을 끝낸 반죽을 냉동 저장하는 방법으로, 분할, 성형하여 필요할 때마다 쓸 수 있다는 장점이 있다.

58 ③ 59 ④ 60 ② 정답

제 3 회

제빵산업기사

최종모의고사

제 1 과목 위생안전관리

01 식품위생법상 용어 정의를 잘못 설명한 것은?

① 식품이란 의약으로 섭취하는 것을 제외한 모든 음식물을 말한다.
② 위해란 식품, 식품첨가물, 기구 또는 용기, 포장에 존재하는 위험요소로서 인체의 건강을 해치거나 해칠 우려가 있는 것을 말한다.
③ 농업과 수산업에 속하는 식품 채취업은 식품위생법상 영업에서 제외된다.
④ 집단급식소라 함은 영리를 목적으로 하면서 특정 다수인에게 계속하여 음식물을 공급하는 시설을 말한다.

해설
집단급식소란 영리를 목적으로 하지 아니하면서 특정 다수인에게 계속하여 음식물을 공급하는 급식시설로서 대통령령으로 정하는 시설을 말한다(식품위생법 제2조 제12호).

02 식품위생법령상 조리사를 두어야 하는 영업장은?

① 식품접객영업자 자신이 조리사로서 직접 음식물을 조리하는 경우
② 1회 급식인원 100명 미만의 산업체인 경우
③ 영양사가 조리사의 면허를 받은 경우
④ 복어를 조리·판매하는 영업을 하는 자

해설
조리사를 두어야 하는 식품접객업자(식품위생법 시행령 제36조)
식품접객업 중 복어독 제거가 필요한 복어를 조리·판매하는 영업을 하는 자를 말한다. 이 경우 해당 식품접객업자는 국가기술자격법에 따른 복어 조리 자격을 취득한 조리사를 두어야 한다.

정답 1 ④ 2 ④

03 식품 등의 표시기준에 따른 용어의 정의를 잘못 설명한 것은?

① 원재료 - 식품 또는 식품첨가물의 처리·제조·가공 또는 조리에 사용되는 물질로서 최종 제품 내에 들어 있는 것
② 제조연월일 - 포장을 제외한 더 이상의 제조나 가공이 필요하지 아니한 시점
③ 소비기한 - 제품의 제조일로부터 소비자에게 판매가 가능한 기간
④ 품질유지기한 - 식품의 특성에 맞는 적절한 보존방법이나 기준에 따라 보관할 경우 해당 식품 고유의 품질이 유지될 수 있는 기한

해설

소비기한이라 함은 식품 등에 표시된 보관방법을 준수할 경우 섭취하여도 안전에 이상이 없는 기한을 말한다(식품 등의 표시기준).

04 식품첨가물을 바르게 분류한 것은?

① 이형제 - 식품의 변패를 방지하는 첨가물
② 착색료 - 식품의 기호성을 높이고 관능을 만족시키는 첨가물
③ 감미료 - 식품의 품질 개량·유지에 사용되는 첨가물
④ 팽창제 - 식품의 영양 강화를 위해 사용되는 첨가물

해설

식품첨가물의 분류
- 식품의 변질·변패를 방지하는 첨가물 : 보존료, 살균제, 산화방지제, 피막제
- 식품의 기호성을 높이고 관능을 만족시키는 첨가물 : 조미료, 산미료, 감미료, 착색료, 착향료, 발색제, 표백제
- 식품의 품질 개량·유지에 사용되는 첨가물 : 밀가루 개량제, 품질 개량제, 호료, 유화제, 이형제, 용제
- 식품의 영양 강화를 위해 사용되는 첨가물 : 영양강화제
- 식품 제조에 필요한 첨가물 : 팽창제, 소포제, 추출제, 껌 기초제

3 ③ 4 ② 정답

05 화학적 식중독의 원인이 아닌 것은?

① 설사성 패류 중독
② 환경오염에 기인하는 식품 유독성분 중독
③ 중금속에 의한 중독
④ 유해성 식품첨가물에 의한 중독

해설

①은 자연독 식중독이다.
화학적 식중독은 유독한 화학물질에 의해 오염된 식품을 섭취함으로써 중독증상을 일으키는 것이다. 화학적 식중독의 원인에는 식품에 첨가된 유해 화합물, 잔류농약, 공장 폐수, 환경오염 물질(중금속), 방사선 물질, 항생물질 등이 있다.

06 경구감염병과 세균성 식중독의 주요 차이점에 대한 설명으로 옳은 것은?

① 경구감염병은 다량의 균으로, 세균성 식중독은 소량의 균으로 발병한다.
② 세균성 식중독은 2차 감염이 많고, 경구감염병은 거의 없다.
③ 경구감염병은 면역성이 없고, 세균성 식중독은 있는 경우가 많다.
④ 세균성 식중독은 잠복기가 짧고, 경구감염병은 일반적으로 길다.

해설

세균성 식중독과 경구감염병

구분	세균성 식중독	경구감염병
발병 원인	대량 증식된 균	미량의 병원체
발병 경로	식중독균에 오염된 식품 섭취	감염병균에 오염된 물 또는 식품 섭취
2차 감염	거의 없다.	많다.
잠복기	짧다.	비교적 길다.
면역	안 된다.	된다.

07 황변미 중독을 일으키는 오염 미생물은?

① 곰팡이
② 바이러스
③ 세균
④ 기생충

해설

황변미 현상은 쌀에 페니실륨 곰팡이가 번식하여 낟알이 황색, 황갈색으로 변색되는 현상이다.

정답 5 ① 6 ④ 7 ①

08 이타이이타이병과 관계있는 중금속 물질은?

① 수은 ② 카드뮴
③ 크로뮴 ④ 납

해설

카드뮴에 중독되어 이타이이타이병에 걸리게 되면 신장에 이상이 발생하고 칼슘이 부족하게 되어 뼈가 물러져 작은 움직임에도 골절이 일어나며 결국 죽음에 이르게 된다.

09 병원체가 생활, 증식, 생존을 계속하여 인간에게 전파될 수 있는 상태로 저장되는 곳은?

① 숙주 ② 질병
③ 환경 ④ 병원소

해설

감염원(병원소)
- 종국적인 감염원으로 병원체가 생활·증식하면서 다른 숙주에 전파될 수 있는 상태로 저장되는 장소
- 환자, 보균자, 접촉자, 매개동물이나 곤충, 토양, 오염 식품, 오염 식기구, 생활용구 등

10 교차오염 관리를 위한 방법으로 적절하지 않은 것은?

① 손 씻기를 철저히 한다.
② 개인위생 관리를 철저히 한다.
③ 조리된 음식 취급 시 맨손으로 취급한다.
④ 화장실의 출입 후 손을 청결히 하도록 한다.

해설

교차오염 관리를 위하여 조리된 음식 취급 시 맨손으로 작업하는 것을 피해야 한다.

8 ② 9 ④ 10 ③ 정답

11 자외선 소독에 대해 잘못 설명한 것은?

① 자외선 등이 상하에만 부착된 것을 선택하는 것이 좋다.
② 자외선 살균기는 1주일에 1회 이상 청소 및 소독을 실시한다.
③ 2,537Å로 30~60분간 실시한다.
④ 소도구 또는 용기류를 소독할 때 사용한다.

해설
자외선 소독기는 자외선이 닿는 면만 균이 죽을 수 있으므로 칼의 아랫면, 컵의 겹쳐진 부분과 안쪽은 전혀 살균되지 않는다. 따라서 자외선 소독기를 구입할 때에는 자외선 등이 상하, 좌우, 뒷면까지 부착되어 기구의 사방에서 자외선을 쪼일 수 있는 모델을 선택한다.

12 조리된 상태의 냉동식품을 해동하는 가장 좋은 방법은?

① 공기해동 ② 가열해동
③ 저온해동 ④ 청수해동

해설
조리된 상태의 냉동식품의 경우 전자레인지로 가열해동하는 것이 올바른 식중독 예방법이다. 상온에서 해동할 경우 식품의 온도가 천천히 상승하면서 상온에 도달하기 때문에 식중독균의 증식 가능 온도인 50~60℃에서 장시간 노출된다.

13 조리사 면허의 취소처분을 받은 때 면허증 반납은 누구에게 하는가?

① 보건소장
② 보건복지부장관
③ 식품의약품안전처장
④ 특별자치시장・특별자치도지사・시장・군수・구청장

해설
조리사가 그 면허의 취소처분을 받은 경우에는 지체 없이 면허증을 특별자치시장・특별자치도지사・시장・군수・구청장에게 반납하여야 한다(식품위생법 시행규칙 제82조).

정답 11 ① 12 ② 13 ④

14 식품제조·가공업을 하고자 하는 경우 몇 시간의 위생교육을 받아야 하는가?

① 2시간
② 4시간
③ 6시간
④ 8시간

해설

교육시간(식품위생법 시행규칙 제52조 제2항)
- 식품제조·가공업, 즉석판매제조·가공업, 식품첨가물제조업 및 공유주방 운영업을 하려는 자 : 8시간
- 식품운반업, 식품소분·판매업, 식품보존업, 용기·포장류제조업을 하려는 자 : 4시간
- 식품접객업을 하려는 자 : 6시간
- 집단급식소를 설치·운영하려는 자 : 6시간

15 다음 중 영업 허가를 받아야 하는 업종은?

① 식품운반업
② 유흥주점영업
③ 식품제조·가공업
④ 식품소분·판매업

해설

허가를 받아야 하는 영업 및 허가관청(식품위생법 시행령 제23조)
- 식품조사처리업 : 식품의약품안전처장
- 단란주점영업과 유흥주점영업 : 특별자치시장·특별자치도지사 또는 시장·군수·구청장

16 식품의 보존료가 아닌 것은?

① 소브산
② 아스파탐
③ 안식향산
④ 데하이드로초산

해설

② 아스파탐은 설탕보다 180~200배 정도의 단맛을 내는 감미료이다.

보존료
- 소브산 : 식육, 어육제품, 각종 절임식품, 식초, 장류 등
- 안식향산 : 청량음료, 간장, 과채류 음료 등
- 데하이드로초산 : 치즈, 버터, 마가린 등
- 프로피온산 : 빵, 생과자

14 ④ 15 ② 16 ② 정답

17 동물성 식품에서 유래하는 식중독 유발 유독성분은?

① 솔라닌
② 베네루핀
③ 시큐톡신
④ 아마니타톡신

해설

식품과 독성분
- 조개류 : 베네루핀
- 감자 : 솔라닌
- 독미나리 : 시큐톡신
- 독버섯 : 아마니타톡신

18 다음 세균성 식중독 중 독소형은?

① 병원성 대장균 식중독
② 장염 비브리오 식중독
③ 살모넬라 식중독
④ 클로스트리듐 보툴리눔균 식중독

해설

세균성 식중독
- 감염형 식중독 : 살모넬라, 장염 비브리오, 병원성 대장균
- 독소형 식중독 : 포도상구균, 클로스트리듐 보툴리눔균 식중독

정답 17 ② 18 ④

19 원료 관리의 순서로 바른 것은?

① 입고 → 선별 → 보관 → 사용
② 사용 → 보관 → 선별 → 입고
③ 입고 → 보관 → 선별 → 사용
④ 선별 → 사용 → 보관 → 입고

해설
품질 관리를 위한 원료 관리의 흐름도는 '입고 → 선별 → 보관 → 사용' 순이다.

20 다음 공정 품질 관리 중 결함에 따른 원인과 대처 방법이 틀린 것은?

품목	결함
단팥빵	표면의 반점 및 수포 현상

	원인	대처 방법
①	2차 발효 습도 과다	기준 습도 확인(85%)
②	반죽 온도 낮거나 냉해	작업장이나 발효실의 온도 조절
③	반죽 숙성 미흡	충분히 숙성하여 정형
④	반죽과 충전물의 수분 함량 차이	반죽과 단팥의 수분 함량 조절

해설
④의 원인과 대처 방법의 결함은 '내부의 동굴 현상 발생'이다.

19 ① 20 ④ 정답

제 2 과목 제과점 관리

21 **열량 영양소로만 짝지어진 것은?**

① 단백질, 탄수화물
② 비타민, 단백질
③ 비타민, 무기질
④ 무기질, 탄수화물

해설
열량 영양소란 체내에서 산화되어 열량을 내는 것으로, 탄수화물, 지방, 단백질을 말한다.

22 **열에 의해 당류가 갈색을 나타내는 반응은?**

① 중화반응
② 캐러멜화 반응
③ 오븐 스프링
④ 단백질 응고반응

해설
당을 고온으로 가열하면 여러 단계의 화학반응을 거쳐 연한 금갈색에서 진한 갈색으로 변하는 과정을 거치는데, 이러한 반응을 캐러멜화 반응이라고 한다.

23 **다음 중 이당류에 속하는 것은?**

① 설탕 ② 전분
③ 과당 ④ 갈락토스

해설
탄수화물의 분류
• 단당류 : 포도당, 과당, 갈락토스
• 이당류 : 맥아당(엿당), 설탕(자당), 유당(젖당)
• 다당류 : 전분(녹말), 글리코겐, 섬유소, 펙틴

정답 21 ① 22 ② 23 ①

24 우유에 첨가 시 응고현상을 나타낼 수 있는 것은?

① 소금, 레닌　　② 레닌, 설탕
③ 식초, 레닌　　④ 설탕, 카세인

해설

우유 단백질인 카세인은 열에 의해서는 잘 응고하지 않으나 산과 레닌에 의하여 응고하는데, 이 원리를 이용하여 치즈를 만든다.

25 다음 설명에 해당하는 것은?

- 한 기간의 매출액이 해당 기간의 총비용과 일치하는 점을 말한다.
- 매출액이 그 이하로 감소하면 손실이 나며, 그 이상으로 증대하면 이익을 가져오는 기점을 말한다.

① 손익분기점　　② 총수익
③ 총원가　　④ 제조 원가

해설

손익분기점

- 한 기간의 매출액이 해당 기간의 총비용과 일치하는 지점이다.
- 매출액이 그 이하로 감소하면 손실이 나며, 그 이상으로 증대하면 이익을 가져오는 기점을 말한다.

26 다음 설명에 해당하는 수요 예측의 기법은?

- 고대 그리스 사람들이 예언자에게 미래의 상황에 대하여 묻고자 방문한 데서 유래하였다.
- 예측 사안에 대하여 전문가 그룹을 이용하여 합의에 도달하지만, 전문가가 응답에 대한 책임을 지지 않는다.

① 이동 평균법　　② 시장 조사법
③ 델파이 기법　　④ 지수 평활법

해설

델파이 기법

델파이(Delphi)란 말은 고대 그리스 사람들이 델파이라는 곳에 있는 예언자에게 미래의 상황에 대하여 묻고자 방문한 데서 유래되었다고 한다. 델파이 방법은 예측 사안에 대하여 전문가 그룹을 이용하여 합의에 도달한다.

24 ③ 25 ① 26 ③ 정답

27 원가의 종류가 아닌 것은?

① 재료비
② 노무비
③ 경비
④ 판매비

해설

원가의 종류로 재료비, 노무비, 경비가 있다. 판매비는 총원가의 구성 요소이다.

28 고객 관계 관리에 대한 설명으로 옳지 않은 것은?

① 마케팅, 서비스 경쟁이 치열해지면서 고객 관계 관리에 대한 필요성이 대두되었다.
② 특정 계층 및 고객을 위한 차별화된 마케팅을 의미한다.
③ 충성 고객을 유지하기 위해 개별 고객에 맞는 맞춤 전략을 구사한다.
④ 신규 고객을 확보하기에는 불리한 전략이다.

해설

고객 관계 관리는 신규 고객을 확보하거나 우수 고객 유치 등 충성 고객을 유지하기 위해 개별 고객에 맞는 맞춤 전략으로 차별화를 강화하여 시장의 흐름을 반영하고 경쟁우위 전략을 세워 경쟁 기업으로의 이탈을 방지한다.

29 생산 관리의 기능이 아닌 것은?

① 품질 보증 기능
② 적시 적량 기능
③ 원가 조절 기능
④ 고객 합리화 기능

해설

생산 관리의 기능

- 품질 보증 기능 : 사회나 시장의 요구를 조사하고 검토하여 그에 알맞은 제품의 품질을 계획, 생산하며 더 나아가 고객에게 품질을 보증하는 기능을 갖는다.
- 적시 적량 기능 : 시장의 수요 경향을 헤아리거나 고객의 요구에 바탕을 두고 생산량을 계획하며 요구 기일까지 생산하는 기능을 갖는다.
- 원가 조절 기능 : 제품을 기획하는 데서부터 제품 개발, 생산 준비, 조달, 생산까지 제품 개발에 드는 비용을 어떤 계획된 원가에 맞추는 기능을 갖는다.

정답 27 ④ 28 ④ 29 ④

30 마케팅 전략의 순서로 옳은 것은?

① 내・외부 환경 분석 → SWOT 분석 → 표적 시장 선정 → 시장 세분화
② 시장 세분화 → 표적 시장 선정 → 내・외부 환경 분석 → SWOT 분석
③ 내・외부 환경 분석 → SWOT 분석 → 시장 세분화 → 표적 시장 선정
④ 시장 세분화 → 표적 시장 선정 → SWOT 분석 → 내・외부 환경 분석

해설
마케팅 전략의 순서
내・외부 환경 분석 → SWOT 분석 → 시장 세분화 → 표적 시장 선정

31 쇼트닝에 대한 설명으로 옳지 않은 것은?

① 동・식물성 유지를 정제 가공한 유제품이다.
② 지방 함량이 100%이다.
③ 쇼트닝성과 크림성이 우수하다.
④ 동・식물성 유지에 물을 혼합해 만든다.

해설
쇼트닝은 동・식물성 유지를 정제 가공한 것으로, 마가린과 달리 수분을 함유하지 않는다.

32 잎을 건조시켜 만든 향신료는?

① 계피
② 넛 메그
③ 메이스
④ 오레가노

해설
오레가노는 꽃이 피는 시기에 수확하여 건조시켜 보존하고 말린 잎을 향신료로 쓴다. 보통 피자파이용 소스에 피자파이의 독특한 향이 나도록 사용한다.

30 ③ 31 ④ 32 ④ 정답

33 필수 아미노산에 해당하지 않는 것은?

① 글리신 ② 트립토판
③ 메티오닌 ④ 페닐알라닌

해설

필수 아미노산의 종류
페닐알라닌, 트립토판, 발린, 류신, 아이소류신, 메티오닌, 트레오닌, 라이신

34 생크림의 적정 보관 온도는?

① −18℃ ② 3℃
③ 13℃ ④ −2℃

해설

생크림은 천연 우유 속에 들어 있는 비중이 작은 지방만을 원심 분리한 후에 살균, 냉각, 숙성시킨 것이다. 3~7℃의 온도에 냉장 보관하는 것이 원칙이다.

35 땅콩에 들어 있는 성분 중 가장 많은 것은?

① 지방 ② 수분
③ 섬유질 ④ 단백질

해설

땅콩에 함유된 지방의 대부분은 올레산, 리놀레산 등으로 혈관 건강에 이로운 불포화 지방산이다.

36 우유에 대한 설명으로 틀린 것은?

① 주단백질은 카세인이다.
② 연유나 생크림은 농축우유의 일종이다.
③ 전지분유는 우유 중의 수분을 증발시키고 고형질 함량을 높인 것이다.
④ 우유 교반 시 비중의 차이로 지방입자가 뭉쳐 크림이 된다.

해설

전지분유 : 순수하게 우유를 건조한 것으로 12%의 수용액을 만들면 우유가 된다. 지방질이 탈지분유에 비해 높아 보존성이 짧으며, 보존 기간은 약 6개월 정도이다.

정답 33 ① 34 ② 35 ① 36 ③

37 원가 절감 방안이 아닌 것은?

① 재고 보관 창고의 규모를 늘린다.
② 불량률을 줄인다.
③ 출고된 재료의 양을 조절, 관리한다.
④ 폐기에 의한 재료 손실을 최소화한다.

해설

재고의 저장 관리는 입고된 재료 및 제품을 품목별, 규격별, 품질 특성별로 분류한 후에 적합한 저장 방법으로 저장고에 위생적인 상태로 보관하는 것을 가리킨다. 저장 과정에서 발생할 수 있는 도난, 폐기, 발효에 의한 손실을 최소화하여 생산에 차질이 발생하지 않도록 하는 데 목적이 있다.
①의 보관 창고의 규모를 늘리는 것은 원가 절감 방안과는 관련이 없다.

38 커스터드 크림 제조 시 결합제 역할을 하는 것은?

① 소금
② 설탕
③ 달걀
④ 밀가루

해설

커스터드 크림에서 달걀은 주로 결합제, 팽창제, 유화제의 역할을 한다.

39 손상된 전분 1% 증가 시 흡수율의 변화는?

① 1% 감소
② 1% 증가
③ 2% 감소
④ 2% 증가

해설

손상된 전분이 1% 증가하면 흡수율은 2% 증가한다.

40 철분대사에 관한 설명으로 옳은 것은?

① 철분은 Fe^{2+}보다 Fe^{3+}이 흡수가 잘 된다.
② 수용성이기 때문에 체내에 저장되지 않는다.
③ 흡수된 철분은 간에서 헤모글로빈을 만든다.
④ 체내에서 사용된 철은 되풀이하여 사용된다.

해설

철분은 체내에 산소를 공급해 주는 헤모글로빈의 구성성분이다. 철은 한번 체내로 흡수되면 극히 일부만 배설되고 재사용된다.

37 ① 38 ③ 39 ④ 40 ④ 정답

제 3 과목 빵류 제품제조

41 안치수 용적이 다음 그림과 같을 때 식빵 철판 팬의 용적은?

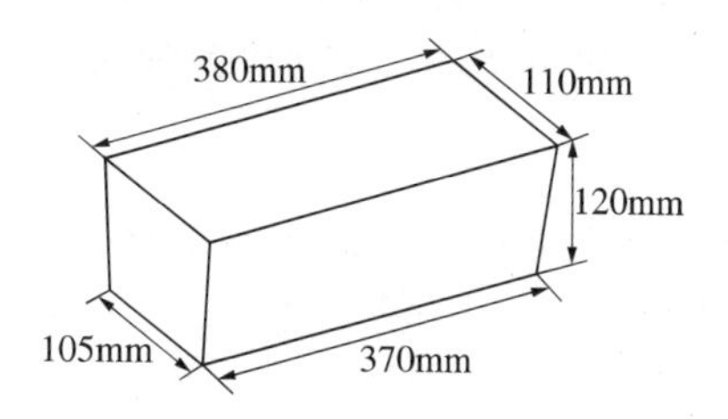

① 4,662cm³　② 4,837.5cm³
③ 5,018.5cm³　④ 5,218.5cm³

해설
경사진 옆면을 가진 사각 팬
팬의 용적 = 평균 가로 × 평균 세로 × 높이

42 베이킹파우더를 대량 사용했을 때 제품의 결과로 옳지 않은 것은?

① 산성 물질이므로 붉은 기공을 만든다.
② 세포벽이 열려서 속결이 거칠다.
③ 속색이 어둡고 건조가 빠르다.
④ 오븐 팽창이 커서 찌그러들기 쉽다.

해설
베이킹파우더를 과다 사용하면 제품의 세포벽이 열려서 속결이 거칠어지고, 오븐 팽창이 커서 찌그러들기 쉽다.
또한 속색이 어둡고 건조가 빠르다.

정답 41 ② 42 ①

43 분유에 대한 설명으로 옳지 않은 것은?

① 탈지분유 - 우유에서 지방을 제거하고 수분은 남긴 것이다.
② 전지분유 - 순수하게 우유의 수분을 제거한 것이다.
③ 조제분유 - 여러 가지 영양소를 첨가하여 가능성 분유를 만들기 위한 것이다.
④ 고지방분유 - 지방 함량이 높은 우유의 분말이다.

해설
탈지분유는 우유에서 지방과 수분을 제거한 것이다. 탈지분유는 직접 물에 녹이면 덩어리지기 쉽고, 공기에 노출하면 습기를 빨아들여 변성되기 쉽고 곰팡이가 생기기 쉽다.

44 다음에서 설명하는 오븐의 종류는?

- 선반에서 독립적으로 상하부 온도를 조절하여 제품을 구울 수 있다.
- 온도가 균일하게 형성되지 않는다는 단점이 있다.
- 각각의 선반 출입구를 통해 제품을 손으로 넣고 꺼내기가 편리하다.

① 데크 오븐
② 터널 오븐
③ 컨벡션 오븐
④ 로터리 랙 오븐

해설
데크 오븐은 일반적으로 가장 많이 사용하는 오븐으로, 선반에서 독립적으로 상하부 온도를 조절하여 제품을 구울 수 있다. 제품이 구워지는 상태를 눈으로 확인할 수 있어 각각의 팬의 굽는 정도를 조절할 수 있다.

45 쇼케이스 관리 시 적정 온도는?

① 10℃ 이하
② 15℃ 이하
③ 20℃ 이하
④ 25℃ 이하

해설
쇼케이스는 온도가 10℃ 이하를 유지하도록 관리하고, 문틈에 쌓인 찌꺼기를 제거하여 청결하게 유지한다.

43 ① 44 ① 45 ① 정답

46 물리적 처리에 의한 식품의 보존방법이 아닌 것은?

① 건조법
② 초절임법
③ 가열살균법
④ 냉장·냉동법

해설

② 초절임법은 화학적 처리에 의한 보존법이다.

47 어린 반죽으로 만든 제품에 대한 설명 중 틀린 것은?

① 향이 거의 없다.
② 외형의 경우 모서리가 둥글다.
③ 껍질 색은 어두운 갈색이다.
④ 슈레드가 생기지 않는다.

해설

어린 반죽은 발효가 정상보다 덜 된 상태를 말하며, 외형 균형은 완제품을 들어 밑면을 보면 발효 상태를 알 수 있다. 어린 반죽의 외형은 반죽의 숙성이 덜 되어 모서리가 예리하며 딱딱하다.

48 팬 오일(이형유)의 조건이 아닌 것은?

① 발연점이 높아야 한다.
② 안정성이 높아야 한다.
③ 고화가 잘되어야 한다.
④ 제품 맛에 영향이 없어야 한다.

해설

팬 오일(이형유)의 조건
- 발연점이 높은 기름이어야 한다.
- 고온이나 장시간의 산패에 잘 견디는 안정성이 높은 기름이어야 한다.
- 무색, 무미, 무취로 제품의 맛에 영향이 없어야 한다.
- 바르기 쉽고 골고루 잘 발라져야 한다.
- 고화되지 않아야 한다.

정답 46 ② 47 ② 48 ③

49 풀먼식빵의 비용적은?

① 2.40cm^3/g
② 3.2~3.4cm^3/g
③ 3.8~4.0cm^3/g
④ 5.08cm^3/g

해설

식빵별 비용적

제품 종류	비용적(cm^3/g)
풀먼식빵	3.8~4.0
산형식빵	3.2~3.4

50 폰당(Fondant)을 만들 때 끓이는 시럽액 온도로 가장 적합한 것은?

① 72~78℃
② 82~85℃
③ 114~118℃
④ 131~135℃

해설

폰당(Fondant)은 설탕 100g에 물 30g을 넣고 설탕 시럽을 115℃까지 끓여서 38~44℃로 식히면서 교반하여 만든다.

51 우유, 달걀, 설탕, 밀가루(전분) 등을 혼합해 끓여서 만든 크림은?

① 생크림
② 버터크림
③ 요거트 생크림
④ 커스터드 크림

해설

커스터드 크림은 우유, 달걀, 설탕, 밀가루(전분) 등을 혼합해 끓여서 만든 크림으로, 우유 100%에 대하여 설탕 30~35%, 밀가루와 옥수수 전분 6.5~14%, 난황 3.5%를 기본으로 배합하여 만든다.

49 ③ 50 ③ 51 ④ 정답

52 다음의 반죽 작업 공정 단계는?

> • 밀가루의 수화가 끝나고 글루텐이 조금씩 결합하기 시작한다.
> • 흡수율을 높이기 위해 이 시기에 소금을 넣는다.

① 픽업 단계 ② 클린업 단계
③ 발전 단계 ④ 최종 단계

해설

클린업 단계
• 수분이 밀가루에 완전히 흡수되어 한 덩어리의 반죽이 만들어지는 단계로, 이때 밀가루의 수화가 끝나고 글루텐이 조금씩 결합하기 시작한다.
• 글루텐 결합이 작아 반죽을 펼쳐 보면 두꺼운 채로 잘 끊어진다.
• 흡수율을 높이기 위해 이 시기에 소금을 넣는다.

53 반죽 시간을 짧아지게 만드는 요인이 아닌 것은?

① 소금 첨가
② 탈지분유 첨가
③ 반죽기 회전 속도의 증가
④ 반죽 온도 증가

해설

탈지분유나 설탕의 첨가는 글루텐 형성을 늦추어 반죽 시간을 증가시킨다.

54 빵 반죽의 특성 중 일정한 모양을 유지할 수 있는 고체의 성질은?

① 가소성 ② 탄력성
③ 유동성 ④ 신장성

해설

① 가소성 : 일정한 모양을 유지할 수 있는 고체의 성질
② 탄력성 : 반죽을 늘이려고 할 때 다시 되돌아가려는 성질
③ 유동성(점성) : 변형된 물체가 그 힘이 없어졌을 때 원래대로 되돌아가려는 성질
④ 신장성 : 반죽이 늘어나는 성질

정답 52 ② 53 ② 54 ①

55 구워낸 빵의 적정 냉각 온도는?

① 0~5℃
② 10~15℃
③ 25~30℃
④ 35~40℃

해설

갓 구워낸 빵 속의 온도는 97~99℃인데, 이것을 35~40℃ 정도로 낮추는 것을 냉각이라고 한다.

56 냉동 반죽법에서 1차 발효 시간이 길어질 경우 일어나는 현상은?

① 냉동 저장성이 짧아진다.
② 반죽 온도가 낮아진다.
③ 이스트의 손상이 작아진다.
④ 제품의 부피가 커진다.

해설

냉동 반죽법에서 1차 발효 시간은 0~15분 정도로 짧게 하며, 1차 발효 시간이 길어질 경우 냉동 저장성이 짧아진다.

57 빵 반죽의 손 분할이나 기계 분할은 가능한 몇 분 이내로 완료하는 것이 좋은가?

① 15~20분
② 25~30분
③ 35~40분
④ 45~50분

해설

분할은 빠른 시간 내에 하는 것이 좋은데, 일반적으로 식빵은 15~20분, 당 함량이 많은 과자류는 30분 이내 분할한다.

55 ④ 56 ① 57 ① 정답

58 도넛의 글레이즈 온도로 적합한 것은?

① 30~40℃ ② 45~50℃
③ 50~60℃ ④ 60~70℃

해설
도넛의 글레이즈 온도는 45~50℃가 적합하다.

59 튀김 기름에 스테아린을 첨가하는 이유에 대한 설명으로 틀린 것은?

① 기름의 침출을 막아 도넛 설탕이 젖는 것을 방지한다.
② 융점을 높인다.
③ 도넛에 설탕 붙는 점착성을 높인다.
④ 경화제로 튀김 기름의 3~6%를 사용한다.

해설
튀김 기름에 경화제인 스테아린을 3~6% 정도 첨가하면 설탕의 녹는점을 높여 기름의 침투를 막는다.

60 다음 설명에 해당하는 포장재는?

- 펄프를 용해하고 소다를 가해 만든 비스코스를 압출한 후 글리세롤, 에틸렌글리콜, 소비톨 등의 유연제로 처리, 건조시켜 부드럽게 만든 것이다.
- 인쇄 적성이 아주 뛰어나며 먼지가 잘 묻지 않으나 찢어지기 쉬운 단점이 있다.

① 셀로판 ② 플라스틱
③ 왁스지 ④ 크라프트지

해설
셀로판(Cellophane)
- 펄프를 용해하고 소다를 가해 만든 비스코스(Viscos)를 압출한 후 글리세롤, 에틸렌글리콜, 소비톨 등의 유연제로 처리, 건조시켜 부드럽게 만든다. 이때 사용되는 유연제의 종류와 양에 따라 셀로판의 물성이 달라진다.
- 셀로판은 표면의 광택, 색채의 투명성이 아주 좋고, 인쇄 적성이 아주 뛰어나며 먼지가 잘 묻지 않으나 찢어지기 쉬운 단점이 있다.
- 한 면이나 양면에 니트로셀룰로스(나이트로셀룰로스)나 폴리염화비닐리덴을 코팅한 셀로판은 강도, 투명도, 열접착성이 우수하며, 수분 및 산소 차단성, 인쇄성이 좋다.

정답 58 ② 59 ③ 60 ①

PART

2022년 수시 1회 기출복원문제

제빵 산업기사

필 기

초단기완성

2022년 수시 1회

제빵산업기사 기출복원문제

※ 제빵산업기사 시험은 CBT(컴퓨터 기반 시험)로 진행되어 수험자의 기억에 의해 문제를 복원하였습니다. 실제 시행문제와 일부 상이할 수 있음을 알려드립니다.

제 1 과목 위생안전관리

01 위생 복장 점검 시 옳지 않은 것은?

① 작업장 내부의 온도가 높을 경우 원활한 작업을 위해 반소매 위생복을 착용한다.
② 목걸이, 귀걸이를 착용하였으면 제거한다.
③ 침, 콧물, 재채기 등으로 인한 오염 물질이 제품에 혼입되지 않도록 마스크를 착용한다.
④ 신발장은 별도로 분리하여 외출화와 실내화를 구분하여 보관한다.

해설
반소매 위생복은 화상의 위험이 있으므로 착용하지 않는다.

02 재료 계량 시 옳지 않은 것은?

① 계량할 재료를 올려놓고 원하는 무게만큼 계량한다.
② 모든 재료는 각각의 용기에 따로따로 계량한다.
③ 쇼트닝, 버터 및 마가린이 녹지 않도록 계량하기 직전에 냉장고에서 꺼낸다.
④ 액체류는 투명한 계량컵을 이용해 눈높이에서 맞추어 읽는다.

해설
냉장 보관 상태의 쇼트닝, 버터, 마가린 등은 계량 전 실온에 미리 꺼내 놓으면 손실을 줄일 수 있다.

정답 1 ① 2 ③

03 조리사는 식품위생 수준 및 자질의 향상을 위하여 몇 년마다 교육을 받아야 하는가?

① 1년
② 2년
③ 3년
④ 4년

해설

식품의약품안전처장은 식품위생 수준 및 자질의 향상을 위하여 필요한 경우 조리사와 영양사에게 교육(조리사의 경우 보수교육을 포함)을 받을 것을 명할 수 있다. 다만, 집단급식소에 종사하는 조리사와 영양사는 1년마다 교육을 받아야 한다(식품위생법 제56조 제1항).

04 경구감염병과 비교하여 세균성 식중독이 가지는 일반적인 특성은?

① 잠복기가 짧다.
② 2차 발병률이 매우 높다.
③ 소량의 균으로도 발병한다.
④ 면역성이 있다.

해설

세균성 식중독은 미생물, 유독물질, 유해 화학물질 등이 음식물에 첨가되거나 오염되어 발생하는 것으로 잠복기가 짧아 급성위장염 등의 생리적 이상을 초래한다.

05 작업장 바닥 점검 시 옳지 않은 것은?

① 작업의 효율성을 높이기 위해 작업장 바닥은 격일로 청소한다.
② 작업장 바닥은 미끄러지지 않는 재질을 선택해야 한다.
③ 바닥의 균열이 난 자리는 미생물 증식의 온상이 되므로 즉시 고친다.
④ 작업장 바닥에 경사를 주어 배수가 잘되도록 한다.

해설

작업장 바닥은 위생적인 작업 환경을 유지하기 위해 매일 청소를 실시해야 한다.

3 ① 4 ① 5 ① 정답

06 다음 무기질 중 갑상선에 이상(갑상선종)을 일으키는 것은?

① 철
② 플루오린
③ 아이오딘
④ 구리

해설

아이오딘
- 갑상선 호르몬의 구성성분으로 해산물, 해조류에 함유
- 부족하면 갑상선종, 갑상선 기능 부전증, 크레틴증 발생

07 HACCP의 의무적용 대상 식품에 해당하지 않는 것은?

① 껌류
② 초콜릿류
③ 레토르트식품
④ 과자・캔디류・빵류・떡류

해설

식품안전관리인증기준 대상 식품(식품위생법 시행규칙 제62조 제1항)에 근거하여 '껌류'는 HACCP의 의무적용 대상 식품에 해당하지 않는다.

08 기기위생 안전관리 방법으로 옳지 않은 것은?

① 튀김기 세척 시 약산성 세제를 풀어 부드러운 브러시로 문지른다.
② 팬은 세척 시 철 솔이나 철 스크레이퍼를 사용하여 찌꺼기를 깨끗이 제거한다.
③ 제품을 집는 집게는 교차오염을 일으킬 수 있어 수시로 소독수로 세척해야 한다.
④ 칼, 스패츌러는 사용 후 잘 세척하여 칼 꽂이에 보관하거나 살균기에 넣어 보관한다.

해설

비점착성 코팅 팬은 세척 시 철 솔이나 철 스크레이퍼를 사용하면 코팅이 벗겨져 제품에 묻거나 구울 때 빵이나 과자류가 붙을 수 있으므로 주의한다.

정답 6 ③ 7 ① 8 ②

09 세척에 사용되는 용수에 대한 설명으로 옳지 않은 것은?

① 세척에 사용되는 물이 먹는물 수질기준에 적합한 용수인지 확인한다.
② 연 1회 이상 공인기관에 의뢰하여 항목 검사를 실시해야 한다.
③ 용수 저장탱크는 반기별 1회 이상 청소 및 소독해야 한다.
④ 세척에 사용 가능한 용수로 상수도는 부적합하다.

해설
상수도 또는 먹는물 수질기준에 적합한 지하수도 세척에 사용 가능하다.

10 식품 취급자의 화농성 질환에 의해 감염되는 식중독은?

① 살모넬라 식중독
② 황색포도상구균 식중독
③ 장염 비브리오 식중독
④ 병원성 대장균 식중독

해설
황색포도상구균은 인체에서 화농성 질환을 일으키는 균이기 때문에 피부에 외상을 입거나 각종 장기 등에 고름이 생기는 경우 식품을 다뤄서는 안 된다.

11 식품 등의 위생적 취급에 관한 기준으로 틀린 것은?

① 어류, 육류, 채소류를 취급하는 칼과 도마는 구분하여 사용하여야 한다.
② 소비기한이 경과된 식품 등을 판매하거나 판매의 목적으로 진열·보관하여서는 안 된다.
③ 식품원료 중 부패·변질되기 쉬운 것은 냉동·냉장시설에 보관·관리하여야 한다.
④ 식품의 조리에 직접 사용되는 기구는 사용 전에만 세척·살균하는 등 항상 청결하게 유지·관리하여야 한다.

해설
식품 등의 위생적인 취급에 관한 기준(식품위생법 시행규칙 별표 1)
식품 등의 제조·가공·조리에 직접 사용되는 기계·기구 및 음식기는 사용 후에 세척·살균하는 등 항상 청결하게 유지·관리하여야 한다.

9 ④ 10 ② 11 ④ 정답

12 탄수화물 산화효소로 발효 시 과당과 포도당을 이산화탄소와 에틸알코올로 만드는 효소는?

① 라이페이스
② 프로테이스
③ 아밀레이스
④ 치메이스

해설
① 라이페이스 : 유지를 가수분해하는 효소이다.
② 프로테이스 : 단백질을 가수분해하는 효소이다.
③ 아밀레이스 : 전분을 가수분해하는 효소이다.

13 식품첨가물 중 보존료의 목적을 가장 잘 표현한 것은?

① 산도 조절
② 미생물에 의한 부패 방지
③ 산화에 의한 변패 방지
④ 가공과정에서 파괴되는 영양소 보충

해설
보존료는 세균이나 곰팡이 등 미생물에 의한 부패를 방지하기 위해 사용되는 방부제로서, 살균작용보다는 부패 미생물에 대하여 정균작용 및 효소의 발효억제 작용을 한다.

14 화농성 질환과 관련된 균의 학명은?

① *Staphylococcus*
② *Vibrio parahaemolyticus*
③ *Norovirus*
④ *Salmonella*

해설
황색포도상구균은 피부의 화농, 중이염, 방광염 등 화농성 질환을 일으키는 원인균이다.

정답 12 ④ 13 ② 14 ①

15 냉장 저장 관리 방법에 대해 잘못 설명한 것은?

① 냉장고 내부에 온도계와 습도계를 부착하고 주기적으로 확인한다.
② 냉장고 용량의 90% 이상으로 식품을 보관한다.
③ 개봉한 후 일부 사용한 제품은 소독된 용기에 옮겨 담아 보관한다.
④ 뚜껑을 덮어 낙하물질로부터 오염을 방지하도록 한다.

해설
냉장고 용량의 70% 이하로 식품을 보관한다.

16 다음 중 필수 아미노산이며 분자구조에 황을 함유하고 있는 것은?

① 타이로신
② 발린
③ 메티오닌
④ 트레오닌

해설
메티오닌은 단백질을 구성하는 아미노산의 하나이며 황 함유 아미노산의 일종으로 필수 아미노산이다.

17 밀가루를 부패시키는 미생물(곰팡이)은?

① 누룩곰팡이 속
② 푸른곰팡이 속
③ 털곰팡이 속
④ 거미줄곰팡이 속

해설
누룩곰팡이 속 : 아플라톡신을 생성하는 곰팡이류로 식품에서 보편적으로 발견된다. 전분 당화력과 단백질 분해력이 강해 약주, 탁주, 된장, 간장의 제조에 이용된다.

15 ② 16 ③ 17 ① 정답

18 제품을 만드는 설명서로, 사용하는 원료 배합 비율, 반죽하는 방법, 분할과 성형 방법 등 자세하게 생산 방법이 기술되어 있는 것은?

① 제조 공정서

② 제조 공정도

③ 제조 설명서

④ 제조 흐름도

해설

- 제조 공정도 : 원료 투입부터 생산까지 각각의 공정을 순서대로 도식화한 자료
- 제조 공정서 : 제품을 만드는 설명서로, 사용하는 원료 배합 비율, 반죽하는 방법, 분할과 성형 방법 등 자세하게 생산 방법이 기술되어 작업자가 활용할 수 있도록 정보를 제공하는 자료

19 식중독 발생 시 대처사항 중 현장 조치가 아닌 것은?

① 건강진단 미실시자, 질병에 걸린 환자 조리 업무 중지

② 영업 중단

③ 추가 환자 정보 제공

④ 오염 시설 사용 중지 및 현장 보존

해설

식중독 발생 시 조치 방법

현장 조치	후속 조치
• 건강진단 미실시자, 질병에 걸린 환자 조리 업무 중지 • 영업 중단 • 오염 시설 사용 중지 및 현장 보존	• 질병에 걸린 환자 치료 및 휴무 조치 • 추가 환자 정보 제공 • 시설 개선 즉시 조치 • 전처리, 조리, 보관, 해동 관리 철저

20 지하수를 사용하여 제조하는 경우 용수의 안정성을 확인하는 횟수는?

① 연 1회　② 연 2회

③ 연 3회　④ 연 4회

해설

지하수를 사용하는 경우 제조 과정에서 사용되는 용수의 안정성 확인을 위하여 연 1회 먹는물 관리법 항목에 대한 용수 검사를 실시한다.

정답 18 ① 19 ③ 20 ①

제 2 과목 제과점 관리

21 실온 저장 관리 방법에 대해 잘못 설명한 것은?

① 방충·방서시설, 통풍·환기시설을 구비한다.
② 먼저 입고된 것부터 먼저 꺼내어 사용하도록 한다.
③ 재료 보관 선반은 바닥과 벽에 붙여 안전하게 설치한다.
④ 재료 겉면에 수령 일자가 잘 보이도록 표시한다.

해설
적절한 식품의 품질을 유지할 수 있도록 보관 선반은 바닥과 벽으로부터 15cm 이상 떨어뜨려 설치하는 것이 좋다.

22 호밀의 구성 물질이 아닌 것은?

① 단백질
② 펜토산
③ 지방
④ 전분

해설
호밀은 단백질 14%, 펜토산 8%, 나머지는 전분으로 구성되어 있다.

23 유지의 물리적 특성 중 쇼트닝에 대한 설명으로 맞지 않는 것은?

① 라드의 대용품으로 개발된 제품이다.
② 비스킷, 쿠키 등을 제조할 때 제품이 잘 부서지도록 하는 성질을 지닌다.
③ 유화제 사용으로 공기 혼합 능력이 작다.
④ 케이크 반죽의 유동성 및 저장성 등을 개선한다.

해설
쇼트닝은 빵에는 부드러움을 주고 과자에는 바삭함을 주는 성질로 제과, 제빵용 이외에 튀김, 아이스크림, 햄, 소시지 등에도 사용된다. 유화제 사용으로 공기 혼합 능력과 유동성이 크다.

21 ③ 22 ③ 23 ③ 정답

24 빵류 제품에 가장 적합한 물은?

① 경수
② 아경수
③ 아연수
④ 연수

해설
경도 120~180ppm의 아경수는 반죽의 글루텐을 경화시키며, 이스트에 영양물질을 제공하여 빵류 제품에 가장 적합한 물이다.

25 달걀을 서서히 가열하면 반투명하게 되면서 굳게 되는 성질을 무엇이라고 하는가?

① 기포성
② 유화성
③ 저장성
④ 열응고성

해설
달걀의 단백질을 서서히 가열하면 반투명해지면서 굳게 되는데 이러한 성질을 열응고성이라고 한다.

26 일반적인 버터의 수분 함량은?

① 18% 이하
② 25% 이하
③ 30% 이하
④ 45% 이하

해설
일반적으로 버터는 17~18%의 수분을 함유하고 있다.

정답 24 ② 25 ④ 26 ①

27 동물의 가죽이나 뼈 등에서 추출하며 안정제나 제과 원료로 사용되는 것은?

① 젤라틴
② 펙틴
③ 한천
④ 레시틴

해설
젤라틴은 젤을 형성하는 성질을 지닌 동물성 단백질의 한 성분으로 안정제나 제과 원료, 산업적으로 매우 다양하게 이용된다.

28 냉장고에 식품을 저장하는 방법으로 바르지 않은 것은?

① 조리하지 않은 식품과 조리한 식품은 분리하여 따로 저장한다.
② 오랫동안 저장해야 할 식품은 온도가 높은 곳에 저장한다.
③ 버터와 생선은 가까이 두지 않는다.
④ 냉동식품은 냉동실에 보관한다.

해설
오랫동안 저장해야 할 식품은 온도가 가장 낮은 곳에 저장하는 것이 좋다.

29 이스트가 필요로 하는 3대 영양소로 바르게 짝지어진 것은?

① 칼슘, 질소, 인
② 질소, 인산, 칼륨
③ 칼슘, 칼륨, 인산
④ 물, 비타민, 마그네슘

해설
이스트가 필요로 하는 3대 영양소는 질소, 인산, 칼륨이다.

27 ① 28 ② 29 ② 정답

30 커스터드 크림에 대한 설명으로 옳지 않은 것은?

① 커스터드 크림은 안정제로 전분을 사용한다.

② 우유, 달걀, 설탕, 밀가루 등을 혼합해 끓여 호화시켜 페이스트 상태로 만든 것이다.

③ 난황은 전란으로 대체할 수 없다.

④ 설탕을 50% 이상 넣게 되면 호화가 어려워진다.

해설

커스터드 크림은 우유, 달걀, 설탕, 밀가루(전분) 등을 혼합해 끓여서 만든 크림으로, 우유 100%에 대하여 설탕 30~35%, 밀가루와 옥수수 전분 6.5~14%, 난황 3.5%를 기본으로 배합하여 만들며, 난황은 전란으로 대체 가능하다.

31 당류의 감미도가 강한 순서부터 나열된 것은?

① 설탕 > 포도당 > 맥아당 > 유당

② 포도당 > 설탕 > 맥아당 > 유당

③ 설탕 > 포도당 > 유당 > 맥아당

④ 유당 > 맥아당 > 포도당 > 설탕

해설

당류의 감미도 : 설탕(100) > 포도당(75) > 맥아당(32) > 유당(16)

32 버터의 독특한 향미와 관계가 있는 물질은?

① 모노글라이세라이드

② 지방산

③ 다이아세틸

④ 캡사이신

해설

버터향을 내는 물질은 다이아세틸이다.

정답 30 ③ 31 ① 32 ③

33 과실이 익어 감에 따라 어떤 효소의 작용에 의해 수용성 펙틴이 생성되는가?

① 펙틴리가제
② 아밀레이스
③ 프로토펙틴 가수분해효소
④ 브로멜린

해설

프로토펙틴 가수분해효소는 프로토펙틴을 가수분해하여 수용성의 펙틴이나 펙틴산으로 변환시킨다.

34 제조 원가의 구성요소로 옳은 것은?

① 직접비, 판매비
② 직접 재료비, 제조 간접비
③ 직접 재료비, 직접 노무비, 직접 경비
④ 직접비, 제조 간접비

해설

- 직접비 = 직접 재료비 + 직접 노무비 + 직접 경비
- 제조 원가 = 직접비 + 제조 간접비

35 1인당 생산 가치를 구하는 공식은?

① $\frac{\text{생산가치}}{\text{인원}}$

② $\frac{\text{생산고}}{\text{인원}}$

③ $\frac{\text{생산가치}}{\text{인원} \times \text{임금}}$

④ $\frac{\text{생산고}}{\text{인원} \times \text{임금}}$

해설

1인당 생산가치 = $\frac{\text{생산가치}}{\text{인원}}$

33 ③ 34 ④ 35 ① 정답

36 다음 설명에 해당하는 수요 예측의 기법은?

- 일련의 전문가들이 판단에 필요한 자료를 제공한다.
- 전문가들을 한 장소에 모으기 어렵거나, 모여서 대면하는 것이 불편한 경우 이용될 수 있다.
- 독립적으로 의견을 개진함으로써 불필요한 상호 영향을 배제할 수 있다.
- 참석하는 전문가의 익명을 보장할 수 있어 정확한 의견을 개진할 수 있다.

① 시장 조사법
② 델파이 기법
③ 회귀 분석법
④ 평균법

해설

델파이란 말은 고대 그리스 사람들이 델파이라는 곳에 있는 예언자에게 미래의 상황에 대하여 묻고자 방문한 데서 유래되었다고 한다. 델파이 방법은 예측 사안에 대하여 전문가 그룹을 이용하여 합의에 도달한다.

37 다음 설명에 해당하는 구매 계약의 유형은?

계약 내용을 공지하면 불특정 다수의 대상자가 가격 등 유리한 조건으로 제시한 업체와 계약을 체결하는 방법이다.

① 경쟁 입찰 계약
② 협의 계약
③ 수의 계약
④ 중앙 계약

해설

경쟁 입찰 계약
- 계약 내용을 공지하면 불특정 다수의 대상자가 가격 등 유리한 조건으로 제시한 업체와 계약을 체결하는 방법이다.
- 공개적이기 때문에 새로운 거래처를 개발할 수도 있으며, 공평하고 경제적이며 합리적이라는 장점이 있다.

38 구매 절차의 순서로 옳은 것은?

① 소요량의 결정 → 구매 발주서의 작성 → 검수 → 저장 → 공급업체 평가
② 구매 발주서의 작성 → 소요량의 결정 → 검수 → 저장 → 공급업체 평가
③ 공급업체 평가 → 구매 발주서의 작성 → 소요량의 결정 → 검수 → 저장
④ 공급업체 평가 → 소요량의 결정 → 구매 발주서의 작성 → 검수 → 저장

해설

구매 절차
구매 물품 및 소요량의 결정 → 구매 요구서 및 발주서의 작성 → 원·부재료의 검수 → 원·부재료의 저장 → 공급업체 평가

정답 36 ② 37 ① 38 ①

39 다음 설명에 해당하는 검수 방법은?

> • 납품되는 원·부재료의 일부를 무작위로 선택하여 검사하는 방법이다.
> • 제분업체에서 밀과 같은 대량 구매인 경우 시간과 비용을 절감하기 위해 행하는 방법이다.
> • 구매자와 공급업자 간의 신뢰도가 높은 경우 이 방법을 활용한다.

① 신뢰도 검수 방법

② 무작위 검수 방법

③ 발췌 검수 방법

④ 전수 검수 방법

해설

발췌 검수 방법
- 납품되는 원·부재료의 일부를 무작위로 선택하여 검사하는 방법이다.
- 제분업체에서 밀과 같은 대량 구매인 경우 시간과 비용을 절감하기 위해 행하는 방법이다.
- 구매자와 공급업자 간의 신뢰도가 높은 경우 이 방법을 활용한다.

40 다음 설명에 해당하는 교육 훈련 방법은?

> 장인으로부터 특정 기술을 익히기 위해 일정 기간 훈련 과정을 거쳐 장인이 되는 훈련 방법이다. 장인으로부터 전문 기술과 지식을 배우는 연습 기간이 반드시 필요하다.

① 도제공 제도

② 강의식 훈련

③ 하이테크 훈련

④ 행위 모델링

해설

도제공 제도
장인으로부터 특정 기술을 익히기 위해 일정 기간 훈련 과정을 거쳐 장인이 되는 훈련 방법이다. 장인으로부터 전문 기술과 지식을 배우는 연습 기간이 반드시 필요하다. 독일의 마이스터 제도가 대표적인 도제공 훈련 방법이다.

39 ③ 40 ① 정답

제 3 과목 빵류 제품제조

41 코코아 20%에 해당하는 초콜릿을 사용하여 케이크를 만들려고 할 때 초콜릿 사용량은?

① 16% ② 20%
③ 28% ④ 32%

해설
초콜릿은 코코아 62.5%(5/8), 카카오 버터 37.5%(3/8)의 비율로 되어 있다.
20% : x = 62.5% : 100
→ x = 2,000 ÷ 62.5 = 32%

42 스펀지 반죽의 발효에 대해 잘못 설명한 것은?

① 장시간 진행되므로 최대점까지 팽창하였다가 다시 수축하는 현상이 발생한다.
② 팽창하였다가 다시 수축한 반죽은 부드러운 거미줄과 같은 망상 구조를 가진다.
③ 반죽에 새로운 산소를 공급하고 이스트의 활성을 높이기 위해 펀치를 한다.
④ 스펀지 반죽의 발효는 수정이 불가능하기 때문에 신중하게 진행해야 한다.

해설
스펀지 반죽의 발효는 스펀지 반죽법의 전체 발효에서 크게 영향을 미치지 않는다. 이는 스펀지 반죽의 양과 온도, 발효 조건 등에 따른 시간 조절이 가능하고 부족한 부분은 본반죽의 발효에서 교정이 가능하기 때문이다.

43 스트레이트법으로 반죽 시 각 빵의 특징으로 옳지 않은 것은?

① 건포도식빵 반죽은 최종단계로 마무리하며, 건포도는 최종단계에서 혼합한다.
② 우유식빵은 설탕 함량 10% 이하의 저율 배합이며, 물 대신 우유를 사용한다.
③ 옥수수식빵 반죽은 최종단계 초기로 일반 식빵의 80% 정도까지 반죽한다.
④ 쌀식빵 반죽은 최종단계로 마무리하며, 반죽 온도는 27℃ 정도로 맞춘다.

해설
쌀식빵 반죽은 쌀가루가 포함되어 일반 식빵에 비하여 글루텐을 형성하는 단백질이 부족하므로 발전단계 후기로 일반 식빵의 80% 정도까지 반죽한다.

정답 41 ④ 42 ④ 43 ④

44 다음 중 전처리 방법으로 옳지 않은 것은?

① 견과류는 조리 전에 살짝 구워 준다.
② 드라이 이스트는 밀가루에 잘게 부수어 넣고 혼합하여 사용하거나 물에 녹여 사용한다.
③ 건포도가 잠길 만큼 물을 부어 10분 정도 담가뒀다 체에 밭쳐서 사용한다.
④ 유지는 냉장고나 냉동고에서 미리 꺼내어 실온에서 부드러운 상태로 만든 후 사용하는 것이 좋다.

해설
- 생이스트는 밀가루에 잘게 부수어 넣고 혼합하여 사용하거나 물에 녹여 사용한다.
- 드라이 이스트는 중량의 5배 정도의 미지근한 물에 풀어서 사용한다.

45 옥수수식빵 반죽에 대해 잘못 설명한 것은?

① 일반 식빵의 80% 정도까지만 반죽한다.
② 일반 식빵에 비하여 글루텐을 형성하는 단백질이 부족하다.
③ 반죽을 지나치게 하면 반죽이 끈끈해진다.
④ 반죽을 부족하게 하면 글루텐 막이 쉽게 찢어진다.

해설
옥수수식빵 반죽을 지나치게 하면 반죽이 끈끈해지고 글루텐 막이 쉽게 찢어진다.

46 반죽 작업 공정의 단계 중 클린업단계에 대한 설명으로 옳지 않은 것은?

① 반죽기의 속도를 저속에서 중속으로 바꾼다.
② 이 단계에서 유지를 넣으면 믹싱 시간이 단축된다.
③ 밀가루의 수화가 끝나고 글루텐이 조금씩 결합하기 시작한다.
④ 글루텐을 결합하는 마지막 단계로 신장성이 최대가 된다.

해설
클린업단계
- 반죽기의 속도를 저속에서 중속으로 바꾼다.
- 수분이 밀가루에 완전히 흡수되어 한 덩어리의 반죽이 만들어지는 단계로, 이때 밀가루의 수화가 끝나고 글루텐이 조금씩 결합하기 시작한다.
- 글루텐 결합이 작아 반죽을 펼쳐 보면 두꺼운 채로 잘 끊어진다.
- 이 단계에서 유지를 넣으면 믹싱 시간이 단축된다.
- 대체적으로 냉장 발효 빵 반죽은 이 단계에서 반죽을 마친다.

44 ② 45 ④ 46 ④ 정답

47 비상스트레이트법의 장점이 아닌 것은?

① 발효 시간을 단축시킨다.
② 반죽 시간을 단축시킨다.
③ 계획된 생산량 이외의 제품을 생산할 때 좋다.
④ 짧은 시간에 제품을 만들어 낼 수 있다.

해설
비상스트레이트법은 반죽 시간을 증가시켜서 반죽의 생화학적 발전을 기계적인 발전으로 대치하고, 반죽의 온도를 높여 발효 속도를 빠르게 할 수 있다.

48 커스터드 크림은 우유, 달걀, 설탕을 한데 섞고, 안정제로 무엇을 넣어 끓인 크림인가?

① 한천
② 젤라틴
③ 강력분
④ 옥수수 전분

해설
커스터드 크림은 옥수수 전분과 박력분을 넣어 끓인 크림이다.

49 프랑스빵, 하드 롤, 호밀빵 등의 하스브레드를 구울 때 스팀을 사용하는 목적으로 적절하지 않은 것은?

① 표면이 마르는 시간을 늦춰 준다.
② 오븐 스프링을 유도하는 기능을 수행한다.
③ 빵의 표면에 껍질이 두꺼워진다.
④ 윤기가 나는 빵이 만들어진다.

해설
스팀 사용의 목적 : 반죽을 오븐에 넣고 난 직후에 수분을 공급하여 표면이 마르는 시간을 늦춰 오븐 스프링을 유도하는 기능을 수행한다. 이를 통해 빵의 볼륨이 커지고 빵의 표면에 껍질이 얇아지면서 윤기가 나는 빵이 만들어진다.

정답 47 ② 48 ④ 49 ③

50 다음 설명에 해당하는 제빵 제조 기술은?

> 저율배합 반죽일 경우 오븐 내에서 급격한 팽창을 일으키기에는 반죽의 유동성이 부족하기 때문에 반죽을 오븐에 넣고 난 직후 표면이 마르는 시간을 늦춰 오븐 스프링을 유도하기 위해 수행한다.

① 펀치
② 칼집
③ 스팀
④ 데치기

해설

스팀은 반죽 내에 유동성을 증가시킬 수 있는 설탕, 유지, 달걀 등의 재료의 비율이 낮은 경우 오븐 내에서 급격한 팽창을 일으키기에는 반죽의 유동성이 부족하기 때문에 반죽을 오븐에 넣고 난 직후에 수분을 공급하여 표면이 마르는 시간을 늦춰 오븐 스프링을 유도하는 기능을 수행한다.

51 고율배합 반죽의 특징으로 옳지 않은 것은?

① 유지, 달걀, 설탕 등의 비율이 높아 반죽이 부드럽다.
② 저율배합 반죽에 비해 저장성이 높다.
③ 저율배합 반죽에 비해 반죽이 질다.
④ 다량의 부재료 첨가로 물과 밀가루와의 혼합 시간이 짧다.

해설

고율배합 반죽의 특징
- 유지, 달걀, 설탕 등의 비율이 높아 반죽이 부드러움
- 부재료가 많이 첨가되어 반죽의 유동성이 좋아지고 부드러워져 저장성이 높아짐
- 다량의 부재료 첨가로 인해 물과 밀가루와의 혼합 시간이 길고, 반죽도 진 경우가 많음

52 냉동 반죽의 장점으로 옳지 않은 것은?

① 노동력 절약
② 배송의 합리화
③ 반품의 감소
④ 설비와 공간의 다양화

해설

냉동 반죽의 장점
- 신선한 빵 공급
- 휴일 대책
- 작업 효율의 극대화
- 설비와 공간의 절약
- 반품의 감소
- 가정용 제빵 생산의 단순화
- 노동력 절약
- 야간 작업 감소 또는 폐지
- 다품종 소량 생산 가능
- 배송의 합리화
- 재고 관리의 용이

50 ③ 51 ④ 52 ④ 정답

53 1940년대 미국에서 개발된 액종법에서 파생된 제법으로 이스트, 이스트 푸드, 물, 설탕, 분유 등을 섞어 2~3시간 발효시킨 액종을 만들어 사용하는 반죽법은?

① 연속식 제빵법
② 비상 반죽법
③ 노타임법
④ 찰리우드법

해설

연속식 제빵법
• 액체 발효법을 이용하여 연속적으로 제품을 생산하는 방법이다.
• 3~4기압의 디벨로퍼로 반죽을 제조하기 때문에 많은 양의 산화제가 필요하다.
• 장점으로는 발효 손실, 설비, 공장 면적, 인력 감소 등이 있다.
• 단점으로는 일시적으로 설비 투자가 많이 들며 제품의 품질 면에서 다소 떨어진다.

54 밀가루 글루텐의 흡수율과 밀가루 반죽의 점탄성을 나타내는 그래프는?

① 아밀로그래프
② 익스텐소그래프
③ 믹소그래프
④ 패리노그래프

해설

패리노그래프는 믹서 내에서 일어나는 물리적 성질을 파동곡선 기록기로 기록하여 밀가루의 흡수율, 믹싱 시간, 믹싱 내구성, 밀가루 반죽의 점탄성 등을 측정하는 기계이다.

55 밀가루를 체질하는 목적으로 옳지 않은 것은?

① 이물질 제거
② 부피 감소
③ 공기 혼입
④ 재료의 균일한 혼합

해설

밀가루를 체질하는 목적은 부피 증가이다.

정답 53 ① 54 ④ 55 ②

56 튀김용 유지의 조건이 아닌 것은?

① 튀김 중이나 튀김 후 불쾌한 냄새가 나지 않아야 한다.
② 발연점이 높은 것이 좋다.
③ 유리 지방산 함량이 높은 것이 좋다.
④ 수분 함량은 0.15% 이하로 유지해야 한다.

해설

튀김용 유지의 조건
- 튀김 중이나 튀김 후 불쾌한 냄새가 나지 않아야 함
- 제품에 설탕이 탈색되거나 지방 침투가 되지 않아야 함
- 발연점이 높아야 함
- 엷은 색을 띠며 특유의 향이나 착색이 없어야 함
- 유리 지방산 함량이 0.1% 이상이 되면 발연 현상이 나타나므로 0.35~0.5%가 적당함
- 수분 함량은 0.15% 이하로 유지해야 함

57 나선형 훅이 내장되어 있어 프랑스빵과 같이 된 반죽을 할 경우 적합한 믹서기는?

① 에어 믹서
② 수직형 믹서
③ 수평형 믹서
④ 스파이럴 믹서

해설

① 에어 믹서 : 제과 전용 믹서이다.
② 수직형 믹서 : 반죽 날개가 수직으로 설치되어 있고, 소규모 제과점에서 케이크 반죽에 주로 사용한다.
③ 수평형 믹서 : 반죽 날개가 수평으로 설치되어 있고, 주로 대형 매장이나 공장형 제조업에서 사용한다.

58 베이커리 업계에서 사용하고 있는 퍼센트로 밀가루 사용량을 100을 기준으로 한 비율은?

① 백분율
② 베이커스 퍼센트
③ 트루 퍼센트
④ 배합표 퍼센트

해설

베이커스 퍼센트란 밀가루 사용량을 100을 기준으로 한 비율이다. 베이커스 퍼센트를 사용하면, 백분율을 사용할 때보다 배합표 변경이 쉽고 변경에 따른 반죽의 특성을 짐작할 수 있다.

56 ③ 57 ④ 58 ② 정답

59 **반죽무게를 구하는 식은?**

① 틀 부피 − 비용적
② 틀 부피 ÷ 비용적
③ 틀 부피 + 비용적
④ 틀 부피 × 비용적

해설
반죽무게 = 틀 부피 ÷ 비용적
※ 비용적이란 반죽 1g을 굽는 데 필요한 틀의 부피를 말한다.

60 **밀가루 온도 26℃, 실내 온도 28℃, 수돗물 온도 18℃, 결과 온도 30℃, 희망 온도 27℃일 때 마찰계수는?**

① 19
② 18
③ 17
④ 16

해설
마찰계수 = 결과 온도 × 3 − (실내 온도 + 밀가루 온도 + 수돗물 온도)

정답 59 ② 60 ②

참 / 고 / 문 / 헌

- 김선영(2023). **답만 외우는 제빵기능사 필기 기출문제+모의고사 14회**. 시대고시기획.
- 교육부(2019). **NCS 학습모듈(제빵)**. 한국직업능력개발원.

제빵산업기사 필기 초단기완성

개정1판1쇄 발행	2023년 08월 30일 (인쇄 2023년 07월 07일)
초 판 발 행	2023년 01월 05일 (인쇄 2022년 08월 25일)
발 행 인	박영일
책 임 편 집	이해욱
편 저	박상윤
편 집 진 행	윤진영 · 김미애
표지디자인	권은경 · 길전홍선
편집디자인	정경일 · 이현진
발 행 처	(주)시대고시기획
출 판 등 록	제10-1521호
주 소	서울시 마포구 큰우물로 75 [도화동 538 성지 B/D] 9F
전 화	1600-3600
팩 스	02-701-8823
홈 페 이 지	www.sdedu.co.kr

I S B N	979-11-383-5557-5(13590)
정 가	21,000원

제과제빵기능사 합격은 SD에듀가 답이다!

'답'만 외우는 제과기능사 필기
기출문제+모의고사

- ▶ 핵심요약집 빨리보는 간단한 키워드 수록
- ▶ 정답이 한눈에 보이는 기출복원문제 7회분 수록
- ▶ 적중률 높은 모의고사 7회분 및 상세한 해설 수록
- ▶ 14,000원

'답'만 외우는 제빵기능사 필기
기출문제+모의고사

- ▶ 핵심요약집 빨리보는 간단한 키워드 수록
- ▶ 정답이 한눈에 보이는 기출복원문제 7회분 수록
- ▶ 적중률 높은 모의고사 7회분 및 상세한 해설 수록
- ▶ 14,000원

제과제빵기능사 필기
한권으로 끝내기

- ▶ 핵심요약집 빨리보는 간단한 키워드 수록
- ▶ 시험에 꼭 나오는 이론과 적중예상문제 수록
- ▶ 2016~2022년 상시시험 복원문제로 꼼꼼한 마무리
- ▶ 20,000원

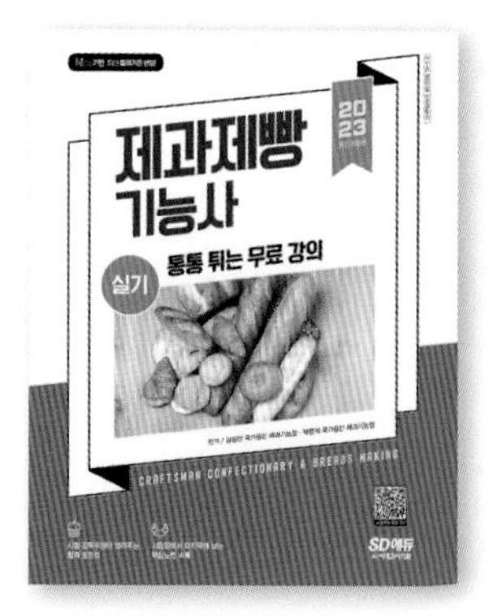

제과제빵기능사 실기
통통 튀는 무료 강의

- ▶ 생생한 컬러화보로 담은 제과제빵 레시피
- ▶ HD화질 무료 동영상 강의 제공
- ▶ 꼭 알아야 합격할 수 있는 시험장 팁 수록
- ▶ 24,000원

※ 도서 이미지와 가격은 변경될 수 있습니다.

전문 바리스타를 꿈꾸는 당신을 위한

바리스타 자격시험 합격의 첫걸음

'답'만 외우는 바리스타 자격시험 시리즈는 여러 바리스타 자격시험 시행처의 출제범위를 꼼꼼히 분석하여 구성하였습니다. 이 한 권으로 다양한 커피협회 시험에 응시 가능하다는 사실! 쉽게 '답'만 외우고 필기시험 합격의 기쁨을 누리시길 바랍니다.

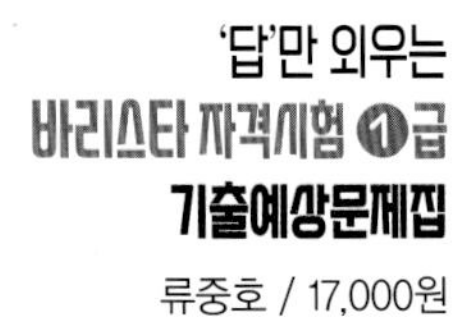

'답'만 외우는
바리스타 자격시험 1급
기출예상문제집
류중호 / 17,000원

'답'만 외우는
바리스타 자격시험 2급
기출예상문제집
류중호 / 17,000원

※ 표지 이미지와 가격은 변경될 수 있습니